Bishun Deo Prasad
Bhawna Chaudhary
Sangita Sahni

Brassinosteróide: absorção e transporte de arsênico no arroz

Bishun Deo Prasad
Bhawna Chaudhary
Sangita Sahni

Brassinosteróide: absorção e transporte de arsênico no arroz

Compreendendo o papel do Brassinosteróide na expressão gênica associada à captação e transporte de arsênico no arroz

ScienciaScripts

Cover image: www.ingimage.com

This book is a translation from the original published under ISBN 978-620-6-77439-6.

Publisher:
Sciencia Scripts
is a trademark of
Dodo Books Indian Ocean Ltd. and OmniScriptum S.R.L publishing group

120 High Road, East Finchley, London, N2 9ED, United Kingdom
Str. Armeneasca 28/1, office 1, Chisinau MD-2012, Republic of Moldova, Europe
Printed at: see last page
ISBN: 978-620-8-12536-3

TÍTULO:

COMPREENSÃO DO PAPEL DOS BRASSINOSTERÓIDES NA EXPRESSÃO DE GENES ASSOCIADOS À ABSORÇÃO E TRANSPORTE DE ARSÉNIO EM ARROZ *(ORYZA SATIVA* L.)

AUTORES:

SRA. BHAWNA CHAUDHARY

DR. BISHUN DEO PRASAD

DR. SANGITA SAHNI

Índice

LISTA DE ABREVIATURAS

Abbreviation	Expansion
°C	: Degree centigrade
%	: Percentage
M	: meter
cv.	: Cultivar
H	: hour
RD	: Reproductive Drought
Nm	: Nanometer
mM	: millimolar
Cm	: centimetre
Ml	: millilitre
µl	: microliter
µg	: microgram
Ng	: nanogram
Rpm	: revolution per minute
Min	: minute
Fig	: Figure
/	: Per
et al.	: et alii (and others)
etc.	: Etcetra

RESUMO

O arroz é o alimento básico de mais de metade da população mundial. Na Índia, a bacia do Ganges, uma conhecida região de cultivo de arroz, está fortemente contaminada com arsénio. Infelizmente, a acumulação de arsénio no arroz é várias vezes superior à de outras culturas cerealíferas, o que constitui uma séria preocupação para os milhões de pessoas que dependem do arroz como alimento de base. A absorção e o transporte de arsénio nas plantas de arroz utilizam o transportador de sílica (Si) ou de fosfato. Foram identificados e caracterizados alguns genes associados à absorção e transporte de arsénio em plantas de arroz, utilizando abordagens de genética inversa. Os brassinosteróides (BRs) são hormonas esteróides vegetais, que desempenham papéis essenciais no crescimento e desenvolvimento das plantas e também conferem tolerância a uma vasta gama de stresses abióticos. Estudos recentes demonstraram que a aplicação de BRs poderia impedir a acumulação de arsénio em plantas de arroz cultivadas hidrofonicamente. Tanto quanto é do nosso conhecimento, o efeito dos BRs não foi estudado na expressão de genes associados à acumulação e transporte de arsénio em plantas de arroz cultivadas em solos naturalmente contaminados com arsénio. Considerando a importância crescente do papel dos BRs nas respostas ao stress e no papel protetor contra a toxicidade dos metais pesados nas plantas, realizámos um estudo para analisar os dez genes associados à acumulação e transporte de arsénio *[OsHACs (OsHAC1;1* e *OsHAC1;2), OsPht1, Lsi1, Lsi2, OsGrxs (OsGrx_C7* e *OsGrx_C2.1), OsCLT1, OsNRAMP1* e *OsABCC1]* em plantas de arroz tratadas com 24-epibrassinosteróide (EBR), um BR, (Rajendra Kasturi) cultivadas em solo naturalmente contaminado com arsénio obtido da aldeia de Rannuchak, Nathnagar, Bhagalpur, Bihar. O perfil de expressão de todos os dez genes envolvidos na absorção de arsénio e na sua translocação foi realizado utilizando a análise qRT-PCR. Os estudos de expressão foram realizados após 14 dias de tratamento com EBR, 1st, 3rd e 6th semanas após a transplantação em solo contaminado com arsénio. A expressão diferencial de todos os dez genes foi observada em diferentes estudos de pontos de tempo. É interessante notar que o gene *Lsi2* foi regulado negativamente em todos os momentos estudados, o que já foi relacionado anteriormente com a diminuição da acumulação de arsénio nos rebentos e nos grãos de arroz. O maior enriquecimento de BES1, um importante fator de transcrição (TF) na via de sinalização BR, foi também observado na região promotora de *OsHAC1.1, Lsil, Lsi2* e *OsNRAMP1.* A identificação e caraterização dos genes responsivos a BR envolvidos na acumulação e transporte de arsénio na planta de arroz, abrem portas para uma análise mais aprofundada destes genes como alvos para reduzir a absorção de arsénio no arroz.

Palavras-chave: Arroz *(Oryza sativa* L.) · Brassinosteróide (BR) · 24-epibrassinolídeo (EBR) · *Arsénio · Lsil · Lsi2.*

INTRODUÇÃO

O arroz *(Oryza sativa* L.) é a segunda cultura mais importante a seguir ao trigo, sendo utilizado como alimento de base por quase metade da população mundial (Ghosh et al., 2016). O arroz é cultivado em quase todas as zonas do globo sob uma vasta gama de condições climáticas e agroecológicas devido à sua maior adaptabilidade. É também considerado a mais importante cultura alimentar de base, alimentando mais de metade da população mundial. A cultura do arroz, sendo uma cultura de mão de obra intensiva, permite a subsistência e o emprego de milhões de pessoas (Suresh 2019). O aumento da população humana exerceu uma enorme pressão sobre a sua maior produção e produtividade. A população humana projectada de 10 mil milhões de pessoas, ou seja, quase 3 mil milhões de bocas a mais para alimentar, até 2050, exige um aumento de 50% na produção de arroz. O arroz desempenha um papel importante na cultura e no património de muitos países asiáticos. Cerca de noventa por cento do arroz do mundo é produzido e consumido na Ásia. Na Índia, o arroz é cultivado em 43,86 milhões de hectares, o nível de produção é de 104,80 milhões de toneladas e a produtividade é de cerca de 2390 kg/ha (https://www.nfsm.gov.in/StatusPaper/Rice2016.pdf). Bengala Ocidental, Uttar Pradesh, Andhra Pradesh, Punjab, Tamil Nadu, Orissa, Bihar e Chhattisgarh são os principais estados produtores de arroz, representando cerca de 72% da área total de arroz e 75% da produção total de arroz no país. No contexto indiano, a bacia do Ganges, uma conhecida região de cultivo de arroz, está altamente contaminada por arsénio. A irrigação por inundação tem sido a prática de cultivo de arroz mais comum nestas regiões e, na ausência de chuva, são utilizadas águas subterrâneas, o que resultou na acumulação de arsénio no solo devido à utilização repetida de águas subterrâneas carregadas de arsénio ao longo dos anos (Upadhyay et al., 2019, 2020). O arsénio é um metaloide extremamente tóxico que põe em perigo o ambiente e a saúde humana, causando arsenicose e aumentando a probabilidade de cancro da pele e da vesícula biliar (Jang et al., 2016; Prasad et al., 2020; Biswas et al., 2020).

O arsénio foi classificado como um agente cancerígeno humano do Grupo 1 pela Agência de Proteção Ambiental dos EUA e pela Agência Internacional de Investigação sobre o Cancro (Rosas-Castor et al., 2014).

A acumulação de arsénio no arroz é várias vezes superior à de outras culturas cerealíferas, o que constitui uma séria preocupação para os milhões de pessoas que dependem do arroz como dieta básica (Shikawa et al., 2019; Upadhyay et al., 2020). Os grãos de arroz contêm quatro tipos de espécies de arsénio: As(III), arseniato [As(V)], ácido monometilarsónico (MMA) e ácido dimetilarsínico (DMA) (Williams et al., 2005). Entre eles, o As(III) e o As(V) são as formas inorgânicas e tóxicas de arsénio mais prevalecentes (Awasthi et al., 2017). A prática da cultura de arroz anaeróbica exacerbou a contaminação por arsénio, uma vez que o arsenito [As(III)], uma forma mais tóxica e facilmente solúvel de arsénio inorgânico, é abundante (Takahashi et al., 2004). O aumento da toxicidade do As(III) em relação ao As(V) deve-se à sua reatividade com o grupo sulfidrilo (-SH) encontrado em proteínas e enzimas, o que resulta na supressão da função celular e, eventualmente, na morte celular (Armendariz et al., 2016). As plantas expostas ao arsénio, mesmo em concentrações muito baixas, podem sofrer uma variedade de alterações morfológicas, fisiológicas e bioquímicas. No entanto, a toxicidade do arsénio depende da prevalência da especiação do arsénio no solo e da sua absorção na planta (Abbas et al., 2018). A planta evoluiu com diferentes formas de absorção de arsénio (arsenito e arsenato), toxicidade e mecanismo de desintoxicação (Abbas et al., 2018). A entrada de diferentes formas de arsénio nas plantas de arroz varia consideravelmente. Uma compreensão profunda dos fatores que influenciam a absorção e o transporte de arsénio do solo para os grãos pode ser útil para resolver este problema, de modo a minimizar os níveis de arsénio nos grãos.

A entrada de diferentes formas de arsénio no arroz depende da atividade de diferentes transportadores presentes na planta do arroz. Embora não tenham sido identificados transportadores especializados para o arsénio nas plantas de arroz, diferentes formas de arsénio como o As (III) e o As (V) utilizam o ácido silícico (Si) e os transportadores de fosfato, respetivamente, para a sua entrada inadvertida na planta de arroz (Norton et al., 2010; Awasthi et al., 2017). Devido às suas semelhanças químicas, a eficiente via de absorção de Si do arroz também permite a passagem não intencional de As (III) (Chen et al., 2017). Do mesmo modo, o As (V), um análogo do fosfato, é absorvido pelos transportadores de fosfato na planta do arroz (Chen et al., 2017). Uma infinidade de relatórios indica os transportadores e genes associados à absorção de arsénio, o transporte medeia a entrada de As (III) e As (V) nas plantas de arroz (Wang et al., 2016; Chen et al., 2017). Em condições aeróbicas, o As (V) entra na planta de arroz através de transportadores de fosfato, incluindo OsPht1; 8 (OsPT8) em arroz (Wang et al., 2016). O estudo mostrou que o nocaute de *OsPht1; 8* reduziu drasticamente a absorção de As (V) no arroz e aumentou significativamente a tolerância de As (V) no arroz (Chen et al., 2017; Wang et al., 2016). Posteriormente, o As (V) foi rapidamente reduzido a As (III) em plantas de arroz utilizando o gene *OsHACl* (High Arsenic Content 1) (Shi et al., 2016). Em condições de inundação, o As (III), uma forma dominante de arsénio inorgânico, entra nas plantas de arroz através do transportador de influxo de Si Lsil (arroz com baixo teor de silício 1), enquanto o efluxo de As (III) é mediado pelo transportador de efluxo de Si Lsi2 (arroz com baixo teor de silício 2) (Chen et al., 2017; Ma et al., 2008). *OsNRAMP1,* um transportador *NRAMP* (Natural Resistance-Associated Macrophage Protein) de arroz, poderia similarmente desempenhar um papel no tráfico de AsIII (Chen et al., 2017; Tiwari et al., 2014). Estudos mostraram que o transportador ABC do arroz *(OsABCC1)* desempenha um papel fundamental na desintoxicação do arsénio, sequestrando o As (III) (Chen et al., 2017). *O Rice High Arsenic Content 1 (OsHAC1;1* e *OsHAC1;2)* reduz o As (V) em As (III) na camada celular externa das raízes, facilitando o efluxo de AsIII para o ambiente externo, o que causa uma menor acumulação de arsénio no arroz (Chen et al., 2017; Shi et al., 2016). *OsCLTl* codifica um transportador do tipo CRT, que desempenha um papel vital na manutenção da homeostase da glutationa e da tolerância ao arsénio no arroz (Yang et al., 2016). *OsGrx_C7* e *OsGrx_C2.1*, glutaredoxinas do arroz, estão envolvidos na redução da acumulação de As (III) na planta (Verma et al., 2016; Chen et al., 2017). No entanto, a maioria destes genes são sobreexpressos ou suprimidos utilizando uma abordagem transgénica ou de knockdown para decifrar o seu papel na mitigação do arsénio.

O brassinosteróide (BR), uma hormona esteroidal vegetal, desempenha um papel fundamental no crescimento e desenvolvimento das plantas, modulando as respostas ao stress e tem a capacidade de proteger as plantas do envenenamento por metais pesados (Sahni et al., 2016; Xu et al., 2018). O tratamento de BRs impede a acumulação de arsénio em plantas de arroz cultivadas em cultura hidropónica (Xu et al., 2018). No entanto, o efeito dos BRs nos genes envolvidos na absorção e translocação de arsénio em plantas de arroz cultivadas em solo contaminado com arsénio ainda não foi estudado. Portanto, analisamos o efeito do 24-epibrassinolide (EBR), um BR ativo, na expressão de genes envolvidos na absorção e translocação de arsênico em plantas de arroz cultivadas em solo naturalmente contaminado com arsênico.

Na presente investigação, dez genes, nomeadamente *OsHACs (OsHAC1;1* e OsHAC1;2); *OsPhtl, Lsi1, Lsi2, OsGrxs (OsGrx_C7* e *OsGrx_C2.1), OsNRAMP1, OsCLT1* e *OsABCC1* foram estudados quanto à sua expressão em plântulas de arroz tratadas com EBR e cultivadas em solo contaminado com arsénico em diferentes momentos. No entanto, a dinâmica da expressão destes genes permanece desconhecida sob o tratamento com EBR. A expressão destes genes desempenha um papel crucial na absorção e translocação de arsénio em plantas de arroz (Pan et al., 2020; Li et al., 2016).

Assim, a presente investigação foi realizada com os seguintes objectivos

Objectivos:

1. Perfil de expressão de genes associados à absorção e transporte de arsénio em plantas

de arroz tratadas com epibrassinosteróide .

2. Análise in silico para a identificação de sítios de ligação de factores de transcrição de genes associados à absorção e transporte de arsenito em plantas de arroz.

3. Clonagem do(s) gene(s) candidato(s) no vetor CRISPR/cas9 para edição genética.

REVISÃO DA LITERATURA

A contaminação por arsénio do solo e da água de rega no Sudeste Asiático é uma catástrofe de grandes proporções, cujas consequências excedem a maioria das outras catástrofes provocadas pelo homem (Adeloju et al. 2021). Uma infinidade de artigos de investigação e de notícias relacionam a saúde humana com o elevado risco de ingestão de arsénio. A sensibilização e as iniciativas governamentais tiveram algum impacto no consumo de água pura nas zonas afectadas pelo arsénico. Para além da ingestão de água contaminada com arsénio, o consumo de alimentos é a principal fonte de ingestão de arsénio no ser humano. A aplicação de insecticidas e rodenticidas (Herce-Pagliai et al., 2002) agravou ainda mais a contaminação por arsénio.

O arsénico (As), um metaloide, ocupa o primeiro lugar numa lista de 20 substâncias perigosas principais da Agência para o Registo de Substâncias Tóxicas e Doenças e da Agência de Proteção Ambiental dos Estados Unidos (Roy e Saha., 2002). Devido à sua elevada toxicidade, é também conhecido como "rei do veneno" (Shaji et al., 2021). Um estudo recente mostrou que cerca de 108 países são afectados pela contaminação por arsénio nas águas subterrâneas (com uma concentração superior ao limite máximo admissível de 10 ppb recomendado pela Organização Mundial de Saúde (OMS) (Shaji et al., 2021). As regiões mais afectadas são a Ásia (32) e a Europa (31), seguidas de regiões como a África (20), a América do Norte (11), a América do Sul (9) e a Austrália (4). Mais de 300 milhões de pessoas em todo o mundo são afectadas pelo consumo de águas subterrâneas contaminadas com arsénio (Kumar et al., 2021). O cinturão do Sul e do Sudeste Asiático é considerado como as zonas mais poluídas por arsénio, incluindo a Índia, o Bangladeche, o Nepal, o Vietname e a China (McArthur, 2019; Shaji et al., 2021). Na Índia, 20 estados, incluindo Bengala Ocidental, Jharkhand, Bihar, Uttar Pradesh, Assam e 4 Territórios da União, foram até agora afetados pela contaminação por arsénio nas águas subterrâneas (Shaji et al., 2021). Bihar registou um aumento dos casos afectados por envenenamento por arsénico (Kumar et al., 2021).

Os efeitos adversos para a saúde humana resultantes do consumo crónico de As incluem o aumento do risco de cancro, hiperqueratose, defeitos congénitos, doenças cardiovasculares, neurotoxicidade e diabetes (Phan et al., 2010; Flanagan et al., 2012; Kumar et al., 2021). Ao contrário de muitos poluentes de origem estritamente antropogénica, concentrações relativamente elevadas de arsénio nas águas subterrâneas provenientes de fontes geológicas são comuns em todo o mundo (Ravenscroft et al., 2009).

A utilização de águas subterrâneas contaminadas para a irrigação de culturas pode resultar na acumulação de As nos solos agrícolas, acabando por provocar uma diminuição do rendimento das culturas e prejudicar a saúde humana (Brammer e Ravenscroft, 2009; Kumar et al., 2021). A ameaça do As para os seres humanos é geralmente exacerbada em países com elevada densidade populacional, que utilizam as águas subterrâneas como principal fonte de água potável e que dependem fortemente de grandes quantidades de irrigação para a agricultura, como os do Sul e Sudeste Asiático. No entanto, a contaminação dos solos agrícolas por arsénico nas águas subterrâneas é verdadeiramente um problema global, com países geograficamente dispersos (por exemplo, México, Chile, Argentina, Grécia e EUA) que apresentam graus variáveis de contaminação do solo (Smedley e Kinniburgh, 2002; Sahoo e Kim, 2013; Shaji et al., 2021).

O arroz é uma das culturas mais afectadas pela água de irrigação e solo poluídos com arsénio, tornando-se um veículo comum para a ingestão dietética de As (Brammer e Ravenscroft 2009; Williams et al., 2011; Upadhyay et al., 2020; He et al., 2021). A capacidade natural da planta para absorver arsénio, em combinação com muitos factores agronómicos, geoquímicos e hidrológicos, leva à acumulação de As no arroz (Zhao et al., 2010). A gestão da planta de arroz consiste frequentemente em inundações controladas, a fim de eliminar a concorrência das ervas daninhas, reduzir as necessidades de herbicidas e aumentar os rendimentos (IRRI 2015). Para criar condições de inundação, podem ser utilizadas grandes quantidades de água de irrigação tanto na estação seca como na estação húmida, dependendo da capacidade de um arrozal receber uma saturação natural adequada. As inundações alteram a hidrodinâmica natural do solo, resultando em cargas elevadas de arsénio no solo, se a água subterrânea contaminada for utilizada para irrigação.

O Sul e o Sudeste Asiático são as áreas de maior preocupação no que diz respeito à acumulação de As nos solos de arroz após irrigação com águas subterrâneas contaminadas. Em todas as bacias hidrográficas densamente povoadas que drenam os Himalaias, o arroz é uma cultura básica e a contaminação natural das águas subterrâneas com arsénico tem sido amplamente utilizada para a irrigação de arroz de estação seca há várias décadas (Fendorf et al., 2010; Chakraborty et al., 2015). No delta do Bengala, no Bangladesh e na Índia, uma das áreas mais gravemente afectadas e extensivamente estudadas, as concentrações de As na água de irrigação aplicada aos campos de arroz-doce excedem frequentemente 50 μg/L (Williams et al., 2006; Khan et al., 2010; Chakraborty et al., 2015), atingindo até 1800 μg/L (Alam et al., 2003). Como consequência, as concentrações de arsénio no solo em campos poluídos podem atingir 95 mg/kg, e os grãos de arroz podem ter concentrações de As até 1835 μg/kg (Khan et al., 2010). O arroz tem a capacidade de acumular arsénio, acumulando concentrações dez vezes superiores às de outros cereais, como o trigo (Karagas et al., 2019). Foram também encontradas concentrações elevadas de iAs em produtos à base de arroz, incluindo os consumidos por bebés e crianças pequenas (Davis et al., 2017). O arroz constitui aproximadamente 66 % da ingestão calórica na região e até 50 % do consumo diário de arsénio para algumas pessoas (Liao et al., 2010). O arroz é um dos principais contribuintes para a ingestão de arsénico nos seres humanos (Williams et al. 2005; Meharg et al. 2009; Gilbert-Diamond et al. 2011), porque o arroz é cultivado principalmente em solos de arrozais anaeróbicos, onde o arsenito [As(III)] está mais disponível (Takahashi et al.2004).

Os estudos mostraram que a entrada de diferentes formas de arsénio no arroz depende da atividade de diferentes transportadores presentes na planta de arroz (Chen et al., 2017). Embora não tenham sido identificados transportadores especializados para arsénio nas plantas de arroz, diferentes formas de arsénio como As (III) e As (V) utilizam transportadores de ácido silícico (Si) e fosfato, respetivamente, para a sua entrada inadvertida na planta de arroz (Norton et al., 2010; Awasthi et al., 2017). Devido às suas semelhanças químicas, a eficiente via de absorção de Si do arroz também permite a passagem não intencional de As (III) (Chen et al., 2017). Do mesmo modo, o As (V), um análogo do fosfato, é absorvido pelos transportadores de fosfato na planta do arroz (Chen et al., 2017). Uma infinidade de relatórios indica os transportadores e genes associados à absorção de arsénio, o transporte medeia a entrada de As (III) e As (V) nas plantas de arroz (Wang et al., 2016; Chen et al., 2017). Em condições aeróbicas, o As (V) entra na planta de arroz através de transportadores de fosfato, incluindo OsPht1; 8 (OsPT8) em arroz (Wang et al., 2016). O estudo mostrou que o nocaute de *OsPht1; 8* reduziu drasticamente a absorção de As (V) no arroz e aumentou significativamente a tolerância de As (V) no arroz (Chen et al., 2017; Wang et al., 2016). Posteriormente, o As (V) é rapidamente reduzido a As (III), que entra nas plantas através dos canais de aquaporina (Xu et al., 2015). No arroz, *OsHACl* (High Arsenic Content 1) desempenha um papel importante na redução de As (V) a As (III) (Shi et al., 2016). Em condições de inundação, o As (III), uma forma dominante de arsénio inorgânico, entra nas plantas de arroz através do transportador de influxo de Si *Lsil* (arroz com baixo teor de silício 1), enquanto o efluxo de As (III) é mediado pelo transportador de efluxo de Si Lsi2 (arroz com baixo teor de silício 2) (Chen et al., 2017; Ma et al., 2008). *OsNRAMP1,* um transportador *NRAMP* (Natural Resistance- Associated Macrophage Protein) de arroz, poderia similarmente desempenhar um papel no tráfico de AsIII (Chen et al., 2017; Tiwari et al., 2014). Estudos mostraram que o transportador ABC do arroz *(OsABCC1)* desempenha um papel fundamental na desintoxicação do arsénio, sequestrando o As (III) (Chen et al., 2017). *O Rice High Arsenic Content 1 (OsHAC1;1* e *OsHAC1;2)* reduz o As (V) em As (III) na camada celular externa das raízes, facilitando o efluxo de AsIII para o ambiente externo, o que causa uma menor acumulação de arsénio no arroz (Chen et al., 2017; Shi et al., 2016). *OsCLT1* codifica um transportador do tipo CRT, que desempenha um papel vital na manutenção da homeostase da glutationa e da tolerância ao arsénio no arroz (Yang et al., 2016). *OsGrx_C7* e *OsGrx_C2.1,* glutaredoxinas do arroz, estão envolvidos na redução da acumulação de As (III) na planta (Verma et al., 2016; Chen et al., 2017).

Nos últimos anos, o Clustered Regularly Interspaced Short Palindromic Repeats (CRISPR) e a proteína 9 associada ao CRISPR (Cas9) tornaram-se o método de eleição para a edição do genoma em plantas cultivadas, incluindo o arroz (Zafar et al., 2020). A modificação arquitetónica, o desenvolvimento de resistência/tolerância contra stresses abióticos e bióticos, etc. no arroz, atraíram recentemente a atenção de investigadores de todo o mundo (Hu et al., 2019; Zafar et al., 2020; Martignago et al., 2020; Ogata et al., 2020). Os relatórios emergentes sobre a segmentação de genes associados à captação, translocação e desintoxicação de arsénio no arroz abriram o caminho para o desenvolvimento da mitigação de baixo arsénio no arroz utilizando a edição de genes (Chen et al., 2017; Tang et al., 2017; Fiaz et al., 2019). Sobh et al. (2019) mostraram que a interrupção do *TXNDC17,* uma proteína semelhante à tioredoxina, aumentou visivelmente a tolerância ao arsênico no arroz. Chen et al. (2017) sugeriu o direcionamento de genes como *OsPht1:8; Lsil* e *Lsi2,* associados à captação e transporte de arsénio, por exemplo) para a produção de arroz com baixo teor de arsénio utilizando a edição de genes mediada por CRISPR/Cas9.

MATERIAIS E MÉTODOS

3.1. Cultivar de arroz

O arroz cv. Rajendra Kasturi *(Oryza sativa* L. ssp. indica cv. Rajendra Kasturi) foi utilizado neste estudo.

3.2 Solo contaminado com arsénico

O solo contaminado com arsénio foi recolhido na aldeia: Rannuchak, Nathnagar, Bhagalpur, Bihar. O teor de arsénio disponível no solo contaminado é de 3,2 ppm. Uma quantidade igual de solo foi colocada num recipiente de plástico.

3.3 Esterilização de sementes de arroz

As sementes maduras descascadas de Rajendra Kasturi foram esterilizadas à superfície conforme descrito anteriormente (Prasad et al., 2016). Em resumo, as sementes descascadas foram lavadas duas vezes com água destilada estéril, seguida de esterilização superficial com bavistina 0,1% durante 30 minutos com agitação intermitente, seguida de lavagem três vezes com água destilada estéril. As sementes foram ainda tratadas com etanol a 70% (v/v) durante 30 segundos, seguido de lavagem três vezes com água destilada esterilizada. As sementes foram então tratadas com 0,1% de $HgCl_2$ durante 5 min com agitação intermitente, seguida de lavagem três vezes com água destilada esterilizada. Além disso, as sementes foram tratadas com hipoclorito de sódio (4% de cloro ativo) durante 15 minutos, seguido de cinco lavagens com água destilada esterilizada. As sementes foram secas ao ar em papel de filtro esterilizado durante 5 minutos em câmara de fluxo laminar. As sementes secas ao ar foram utilizadas para o tratamento EBR.

3.4 Tratamento com epibrassinolida (EBR)

O stock de 24-epibrassinolida (EBR) (Sigma-Aldrich) (10 mM) foi preparado adicionando etanol absoluto diretamente ao frasco que continha o pó de EBR, misturando e armazenando a solução de stock a -20 °C, tal como descrito por Krishna et al. (2017). Superfície

Sementes de arroz esterilizadas (Rajendra Kasturi) foram cultivadas em meio Murashige Skoog (MS) de meia força (controlo) e em meio MS contendo 1 μM de EBR (tratado com EBR) durante 2 semanas na caixa Magenta (Tarson, Índia) a 25 °C, num ciclo de 16/8 h de luz/obscuridade (Figura 3.1). O tecido foliar de algumas plântulas de arroz com duas semanas de idade, não tratadas e tratadas com EBR, foi recolhido e congelado rapidamente em azoto líquido, e armazenado a -80°C até ser utilizado.

3.5 Experimento com vaso

Plântulas de arroz com duas semanas de idade, não tratadas e tratadas com EBR, foram transplantadas para vasos com igual quantidade de solo contaminado com arsénico obtido na aldeia de Rannuchak, Nathnagar, Bhagalpur, Bihar. Todos os vasos foram regados regularmente com a mesma quantidade de água.

3.6 Recolha de amostras para análise qRT-PCR

As amostras das plantas tratadas e das plantas de controlo foram recolhidas em diferentes momentos, como se indica a seguir.

Treatments	Tissue sample collected			
	14 days after sowing on media	Transplanted in arsenic contaminated soil		
		1st week after transplanting	3rd week after transplanting	6th week after transplanting
Untreated (Mock)	leaf	Leaf and root	Leaf and root	Leaf, steam
EBR	leaf	Leaf and root	Leaf and root	Leaf, steam

Todas as amostras recolhidas foram congeladas rapidamente com azoto líquido e armazenadas a -86 C^0

congeladores até nova utilização.

3.7 Extração de ARN total

As amostras colhidas foram utilizadas para a extração de ARN total utilizando o SV Total RNA Isolation System (Promega), seguindo o protocolo do fabricante. Em resumo, as amostras de folhas congeladas foram

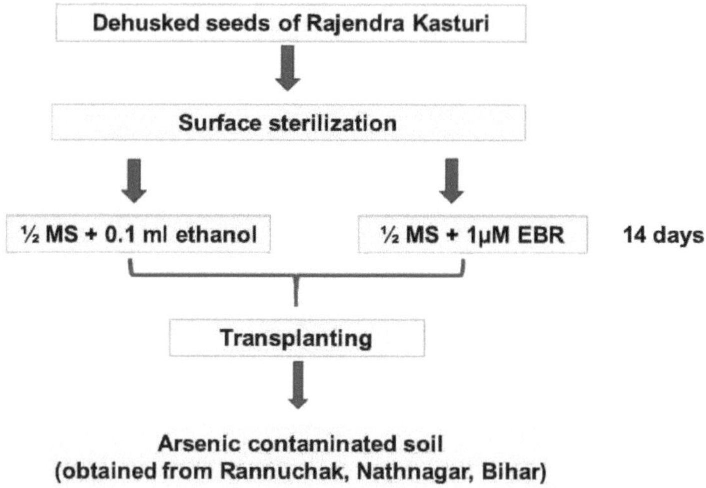

Figura 3.1. Diagrama de fluxo para o tratamento com EBR e transplante de arroz em solo contaminado com arsénio. Sementes de arroz esterilizadas à superfície (Rajendra Kasturi) foram cultivadas em meio MS de meia força (controlo) e meio MS de meia força contendo 1 µM de EBR (tratado com EBR) durante 2 semanas na caixa Magenta. As plântulas com 14 dias de idade foram transplantadas para solo contaminado com arsénio.

trituradas num almofariz e pilão com N_2 líquido. As amostras bem trituradas foram rapidamente

transferida para um tubo eppendorf estéril (1,5 ml) e cem micro litros de tampão de lise do ARN. A amostra foi misturada com o tampão de lise do ARN por inversão. Após centrifugação à velocidade máxima, o lisado de tecido foi retirado cuidadosamente com uma micropipeta e transferido para um tubo limpo. Adicionaram-se trezentos e cinquenta micro litros de tampão de diluição do ARN ao tubo, misturou-se por inversão e incubou-se a 70° C durante 30 minutos. Após centrifugação à velocidade máxima, o lisado foi transferido para um tubo limpo. Foi adicionado etanol (250 µl) ao tubo, misturado por pipetagem e transferido para a coluna de centrifugação. O conjunto foi centrifugado durante 1 minuto e o fluxo foi eliminado. A solução de lavagem de ARN (600 µl) foi adicionada diretamente à membrana e o fluxo foi eliminado após a centrifugação. Foram efectuados tratamentos com DNase para degradar o ARN. Cem micro litros de água sem nucleases foram adicionados diretamente à membrana da coluna de centrifugação, incubados durante 1 minuto e centrifugados à velocidade máxima para recolher o ARN total. A qualidade e a quantidade de ARN foram analisadas por meio de espetrofotómetro e eletroforese em gel de agarose.

3.5 Síntese de cDNA

A síntese do cDNA foi efectuada utilizando primers hexâmeros aleatórios. O cDNA foi diluído numa proporção de 1:5 utilizando água sem núcleos. O cDNA diluído foi utilizado para a análise por RT-PCR quantitativa em tempo real (qRT-PCR).

3.6 RT-PCR quantitativo em tempo real

A RT-PCR quantitativa em tempo real (qRT-PCR) foi efectuada com o corante SYBR Green no instrumento QuantStudio™ 5 Real-Time PCR (Applied Biosystems). Cada análise de qRT-PCR foi repetida três vezes. A lista de primers utilizados na análise de qRT-PCR é mencionada na Tabela 3.1. As condições de qRT-PCR são apresentadas na Tabela 3.2.

Tabela 3.2. Lista de iniciadores para a análise qRT-PCR

S. No.	Name of Genes	Forward Primer (5' to 3')	Reverse Primer (5' to 3')
1	*OsHAC1;1*	GAGGGAAAAGAATCCTCTGT	GAGGAGTGTTTATGGGGAAT
2	*OsHAC1;2*	TGATGATGATGGTGAGATTG	AGGGGTAAAGAAGAGGAATG
3	*OsPht1*	GAGTACGCCAACAAGAAGAC	ATCTTCATCCGCCAGTAGTA
4	*Lsi1*	GCCTGTGGATCTACTTCCT	CACTTGGATGTTCTCCATCT
5	*OsGrx_C7*	iTGATCTTCAGCATGAG	ATGACCTTGTCGGTGGAG
6	*Lsi2*	ATGCTGCTCTGCATGTACT	GTCGTTATGTTCTCCGACAT
7	*OsNRAMP1*	AGGTACAGGATTTGCTTTCA	GCTTGACTATGCTCATCTCC
8	*OsCLT1*	AGTGCCATTCCATCAACTAC	GGCCAGAGAAGATACAACTG
9	*OsGrx_C2.1*	GCTGCCAAATCTGATAACTC	CCCAGTGCTTCCTACTATTG
10	*OsABCC1*	GGAGCTGTAAACATCCCATA	GTAAAACCAGCAGAGCAGAG
11	*Actin*	GAGTATGATGACTCGGGTCCAG	ACACCAACAATCCCAAACAGAG

Tabela 3.2. Condições de termociclagem da qRT- PCR

Profile	**Activity**	**Temperatu re(°C)**	**Du rati on**	**C y c l e**
Hot Start	Initial denaturation	95	2 min	1
Amplific ation	Denaturation	95	20	4 0
	Annealing	53	30	
	Extension	72	30 sec	

A análise da curva de fusão foi efectuada para avaliar se os ensaios de qPCR produziram um único produto específico. Os dados foram normalizados pelo valor de um gene *da actina* e a alteração do nível de expressão foi calculada utilizando o método $2^{-'VACt}$ de quantificação relativa em comparação com o mock (Livak e Schmittgen, 2001).

3.7 Análise dos sítios de ligação dos factores de transcrição (TFBSs)

As sequências promotoras desejadas do gene foram obtidas da base de dados RAP (DB) (http://rapdb.dna.affrc.go.jp/tools/dump), conforme descrito anteriormente (Kumari et al., 2018). Os TFBSs foram identificados utilizando a ferramenta PlantPan2 database (http://plantpan2.itps.ncku.edu.tw/). Uma pesquisa dos promotores de genes foi analisada manualmente em sequências de promotores de 1kb e 2kb contra sítios de ligação BES1 (CANNTG, CACGTG e CACTTG) (Yu et al., 2011; Sahni et al., 2016).

3.8 Localização subcelular

A localização subcelular das proteínas foi analisada utilizando a ferramenta Balanced Subcellular Localization Predictor (BaCelLo) (http://gpcr.biocomp.unibo.it/bacello/info.htm).

RESULTADOS

Na presente investigação, dez genes (Quadro 4.1) foram caracterizados quanto ao seu envolvimento na absorção e translocação de arsénio em plantas de arroz.

S. No.	Gene ID	Name of Genes
1	*LOC_Os02g01220.1*	*OsHAC1;1*
2	*LOC_Os04g17660.2*	*OsHAC1;2*
3	*LOC_Os10g30790.2*	*OsPht1*
4	*LOC_Os02g51110.1*	*Lsi1*
5	*LOC_Os01g27140.1*	*OsGrx_C7*
6	*LOC_Os03g01700.1*	*Lsi2*
7	*LOC_Os07g15460.1*	*OsNRAMP1*
8	*LOC_Os01g72570.1*	*OsCLT1*
9	*LOC_Os04g52900.1*	*OsGrx_C2.1*
10	*LOC_Os06g50930.1*	*OsABCC1*

4.1. Perfil de expressão de genes associados à absorção e transporte de arsénio em plantas de arroz tratadas com EBR:

O perfil de expressão de todos os dez genes envolvidos na captação de arsénio e na sua translocação foi realizado utilizando a análise qRT-PCR. As plantas de arroz foram cultivadas em meios MS tratados com EBR e não tratados durante 14 dias, tal como descrito nos materiais e métodos. O tecido foliar das amostras de arroz tratadas com EBR e não tratadas foi recolhido e utilizado para o isolamento do ARN total seguido da síntese de cDNA. O cDNA diluído (1:5) foi usado para análise qRT-PCR e comparou-se a expressão fold de todos os genes em amostras de arroz tratadas com EBR e não tratadas. Com exceção de *Lsi2* e *OsABCC1,* todos os genes foram regulados positivamente a diferentes níveis na amostra de arroz tratada com EBR. *Os* genes que foram altamente supra-regulados na amostra de arroz tratada com EBR incluíram *OsGrx CC* (indução de ~2,88 vezes), seguido de *OsCLTl* (indução de ~2,24 vezes) e Lsil (indução de ~1,83 vezes) (Figura 4.1). A regulação negativa máxima foi observada em Lsi2 (~4,06 vezes), seguida por *OsABCCl* (~1,43 vezes) (Figura 4.1).

4.2. Perfil de expressão de genes em folhas de arroz

Para verificar se os genes respondem ao arsénico, foi realizada uma análise qRT-PCR com RNA isolado de plântulas de arroz tratadas com EBR e não tratadas, cultivadas em solo contaminado com arsénico a 1st , 3rd e 6th semana de transplante. Para 1st e 3rd semana, tecido de folha e raiz, enquanto que o tecido de folha, vapor e raiz foi usado para análise qRT-PCR. No tecido foliar, *OsHAC1;1, OsHACl;!, OsPhtl, OsNRAMP1, OsCTLl, OsGrxC2.1* e *OsABCCl* foram regulados positivamente em níveis diferentes em todos os pontos de tempo estudados, ou seja, 1st , 3rd e 6th semana (Figura 4. 2). *Lsil* e *Lsi2* mostraram supressão em diferentes níveis em todos os pontos de tempo estudados (Figura 4.2). *Os* genes que foram altamente regulados em folhas de arroz tratadas com EBR na 1st semana após o transplante em solo contaminado com arsénio incluíram *OsNRAMP1* (~9 vezes) seguido de *OsPhtl* (~5,82 vezes), *OsGrx_C2.1* (~5,2 vezes), *OsHAC1;1*

(~3,5 vezes), *OsCLTl* (~2,2 vezes), *OsABCC1* (~2.1-fold) e (~1.6-fold), enquanto os que se expressaram ao nível mais elevado a 3rd semana foram *OsABCC1* (~5.5-fold) seguido de *OsNRAMP1* (~4.89 vezes), *OsCLT1* (~3,4 vezes), *OsHAC1;2* (~3,3 vezes), *OsPht1* (~2,0 vezes), *OsGrx_C7* (~1,9 vezes) e *OsHAC1;1* (~1,4 vezes) (Figura 2). Às 6th semanas após o transplante de plântulas de arroz tratadas com EBR e não tratadas em solo contaminado com arsénico, os genes mais elevados incluíram *OsHAC1;2* (~2,3 vezes), *OsABCC1* (~2,1 vezes), *OsGrx_C7* (~1.9 vezes), *OsPht1* (~1,7 vezes), *OsHAC1;2* (~1,7 vezes), *OsCLT1* (~1,3 vezes) e *OsNRAMP1* (~1,0 vezes), enquanto a regulação negativa máxima foi observada em *Lsi2* (~4,0 vezes) seguido por *Lsi1* (~1,7 vezes).

4.3. Perfil de expressão de genes no caule do arroz

Foi estudado o perfil de expressão dos genes no caule do arroz recolhido de plantas de arroz tratadas com EBR e não tratadas 6 semanas após a transplantação em solo contaminado com arsénio. A tendência do perfil de expressão do gene no caule é quase semelhante à das folhas. No caule, *OsHAC1;1*, *OsHAC1;2*, *OsPht1*, *OsGrx_C7*, *OsNRAMP1*, *OsCTL1*, *OsGrx_C2.1* e *OsABCC1* foram aumentados a diferentes níveis às 6th semanas após o transplante (Figura 4.3), enquanto *Lsi1* e *Lsi2* mostraram supressão a diferentes níveis (Figura 4.3). Os genes que foram altamente regulados no caule de arroz tratado com EBR às 6th semanas após o transplante em solo contaminado com arsénio incluíram *OsPht1* (~12.9 vezes), *OsHAC1;1* (~9,0 vezes), *OsGrx C7* (~3,8 vezes), *OsABCC1* (~2,4 vezes), *OsHAC 1 ;2* (~2,9 vezes), *OsNRAMP1* (~1,8 vezes) e *OsCTL1* (~1,3 vezes).

4.4. Perfil de expressão de genes em raízes de arroz

Para observar a expressão de genes associados à absorção e translocação de arsénio nas raízes do arroz, foram realizados estudos de expressão em plântulas de arroz tratadas com EBR e não tratadas após 1st , 3rd e 6th semana de transplante, transplantadas para solo contaminado com arsénio. Todos os genes foram diferencialmente expressos nos diferentes pontos de tempo estudados. Com a exceção de *Lsi1, OsGrx_C7* e *Lsi2,* todos os genes foram aumentados nas raízes de arroz tratadas com EBR a 1st semana após o transplante em solo contaminado com arsénio, incluindo *OsPhtl* (~18.1 vezes), *OsHAC1;1* (~17,5 vezes), *OsHAC1;2* (~9,2 vezes), *OsGrx_C2.1* (~8,2 vezes), *OsNRAMP1* (~6,2 vezes), *OsABCC1* (~2,0 vezes) e *OsCTL1* (~1,9 vezes) (Figura 4.4). A regulação negativa máxima da expressão gênica foi observada em *Lsi2* (~14,6 vezes), seguida por *Lsi1* (~6,5 vezes) e *OsGrx_C7* (~2,8 vezes) em raízes de arroz tratadas com EBR após 1st semana de transplante. Em 3rd semanas após o transplante, as raízes de arroz tratadas com EBR mostraram uma regulação positiva dos genes *OsNRAMP1* (~15,6 vezes), *OsHAC1;1* (~6,9 vezes), *OsABCC1* (~5,9 vezes), *OsPht1* (~5,4 vezes), *OsCLT1* (~3,7 vezes) e OsHAC1;2 (~1,3 vezes). Às 6th semanas após o transplante de plântulas de arroz tratadas com EBR e não tratadas em solo contaminado com arsénico, os genes regulados positivamente nos tecidos radiculares incluíram *OsNRAMP1* (~12,7 vezes), *Lsi1* (~9.4 vezes), *OsCLT1* (~7,4 vezes), *OsHAC1;1* (~5,6 vezes), *OsGrx_C7* (~4,8 vezes), *OsPht1* (~3,2 vezes), *OsABCC1* (~2,1 vezes) e *OsHAC1;2* (~1,9 vezes), enquanto a regulação negativa foi observada apenas em *Lsi2* (~2,8 vezes).

4.5. Caracterização fenotípica de plantas de arroz tratadas e não tratadas com EBR

As observações morfológicas foram realizadas para ver as variações nas plantas tratadas com EBR e não tratadas transplantadas em solo contaminado com arsénio. O tratamento com EBR durante 14 dias não mostra quaisquer variações visíveis no rebento e na raiz da planta de arroz. No entanto, foi observada uma variação acentuada no crescimento às 6th semanas após o transplante. O aumento do comprimento da raiz, bem como da biomassa, foi observado em plantas de arroz tratadas com EBR, transplantadas em solo contaminado com arsénio, 6th semanas após o transplante (Figura 4.5). Foi observada uma redução de aproximadamente 60% na altura das plantas não tratadas em comparação com as plantas tratadas com EBR aos 90 dias após o transplante em solo contaminado com arsénio (Figura 4.6). O efeito de fitotoxicidade do arsénio foi bastante visível no crescimento de plantas não tratadas em plantas contaminadas com arsénio.

4.5 Análise dos locais de ligação dos factores de transcrição (TFBSs)

As sequências promotoras dos genes associados à captação de arsénio e à sua translocação foram utilizadas para a identificação da análise de TFBSs. Uma vez que BES1 é um TF bem caracterizado na via de sinalização BR, regulando diretamente muitos genes responsivos a BR (Sun et al. 2010; Yu et al. 2011), concentrámo-nos nos sítios de ligação a BES1. O enriquecimento máximo dos sítios de ligação de BES1 foi observado nas sequências de 1000 pb a montante de *OsNRAMP1*, seguido de *Lsi2, Lsiland OsHAC1;1.* No entanto, não foram observados sítios de BES1 nas sequências de 1000 pb a montante de OsGrx_C7, OsGrx_C2.1 e OsABCC1. Em sequências de 2000 pb a montante, o enriquecimento máximo de sítios BES1 foi observado em OsNRAMP1, seguido de *Lsi1, OsCLTl, Lsi2, OsGrx_C7e OsHAC1;1* (Figura 4.7).

O enriquecimento de outros TFBSs como E2F, EIN3, Homeodomínio;ZF-HD, LEA-5, MADS box, C2H2, CG-1, Homeodomínio;WOX etc. também foi encontrado nas sequências promotoras de alguns dos genes associados à captação de arsénio e à sua translocação (Figura 4.8). O maior número de TFBSs EIN3 e MADF foi observado em *OsHAC1;1.* No caso dos TFBSs C2H2, o maior enriquecimento foi observado em *OsABCC1.* Os TFBSs CG-1 e Lea-5 com maior enriquecimento foram OsNRAMP1 e Lsi2, respetivamente.

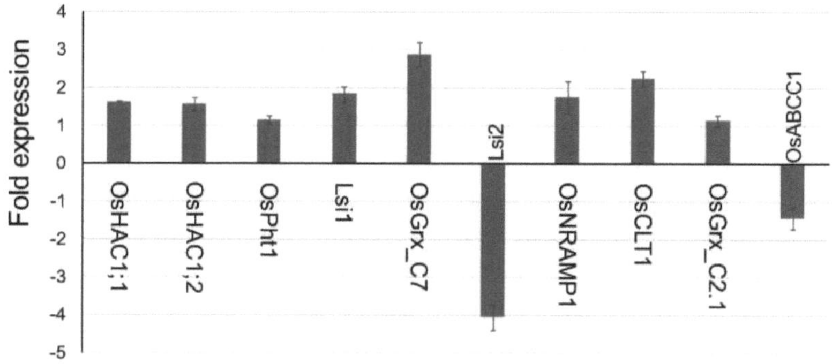

Figura 4.1. Análise da expressão de genes associados à absorção e transporte de arsénio em amostras de arroz tratadas com EBR. O estudo da expressão dos genes foi realizado em tecidos foliares recolhidos de plântulas de arroz com 14 dias de idade, não tratadas (controlo) e tratadas com EBR, utilizando a análise qRT-PCR. Alterações na expressão dos genes nas amostras de arroz tratadas com EBR em comparação com as amostras de arroz de controlo. As barras de erro representam o erro padrão (SE) da média para três réplicas.

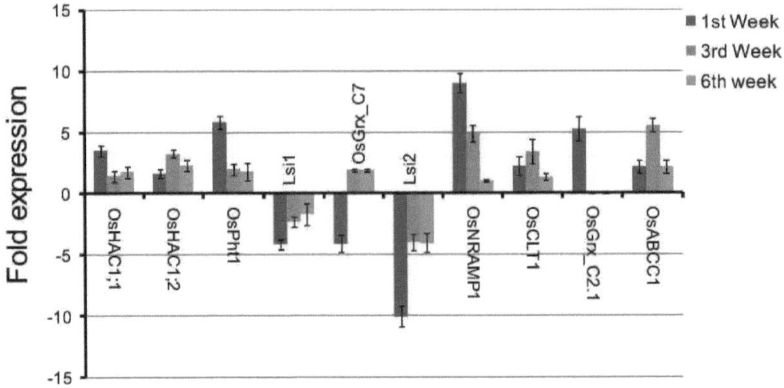

Figura 4.2. Análise da expressão de genes associados à absorção e transporte de arsénio em folhas de arroz colhidas de amostras de arroz não tratadas e tratadas com EBR transplantadas em solo contaminado com arsénio. O estudo da expressão dos genes foi efectuado em tecidos foliares recolhidos a 1st , 3rd e 6th semanas após o transplante, utilizando a análise qRT-PCR. Alterações na expressão dos genes em arroz tratado com EBR em comparação com arroz de controlo. As barras de erro representam o erro padrão (SE) da média para três réplicas.

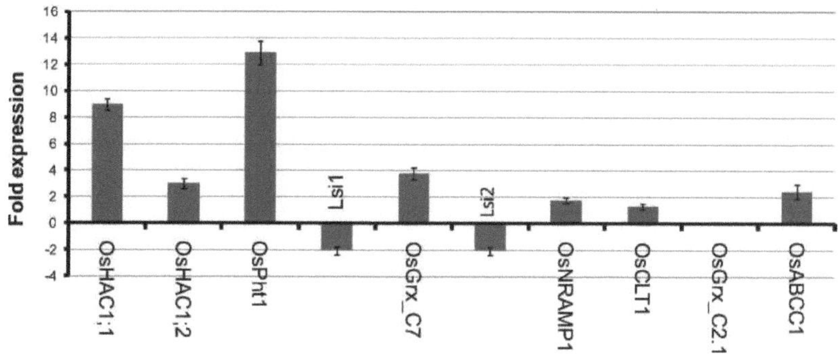

Figura 4.3. Análise da expressão de genes associados à absorção e transporte de arsénio em caules de arroz colhidos de amostras de arroz não tratadas e tratadas com EBR transplantadas em solo contaminado com arsénio. O estudo da expressão dos genes foi efectuado em tecidos do caule recolhidos às 6th semanas após o transplante, utilizando a análise qRT-PCR. Alterações na expressão dos genes nas amostras de arroz tratadas com EBR em comparação com as amostras de arroz de controlo. As barras de erro representam o erro padrão (SE) da média para três réplicas.

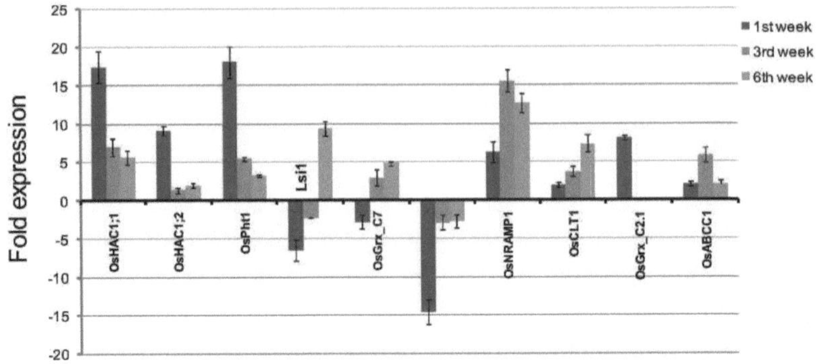

Figura 4.4. Análise da expressão de genes associados à absorção e transporte de arsénio em raízes de arroz colhidas de amostras de arroz não tratadas e tratadas com EBR transplantadas em solo contaminado com arsénio. O estudo da expressão dos genes foi efectuado em tecidos de raízes recolhidos a 1st , 3rd e 6th semanas após o transplante, utilizando a análise qRT-PCR. Alterações da expressão dos genes no arroz tratado com EBR em comparação com a amostra de arroz de controlo. As barras de erro representam o erro padrão (SE) da média para três réplicas.

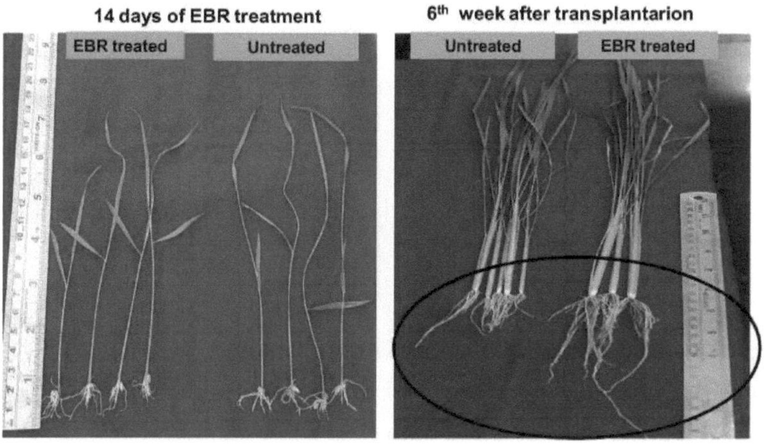

Figura 4.5. Efeito do tratamento com EBR na morfologia da raiz em plantas de arroz cultivadas em solo contaminado com arsénio. Observou-se um maior comprimento de raiz e biomassa de raiz em plantas de arroz tratadas com EBR cultivadas durante 6 semanas em solo contaminado com arsénio.

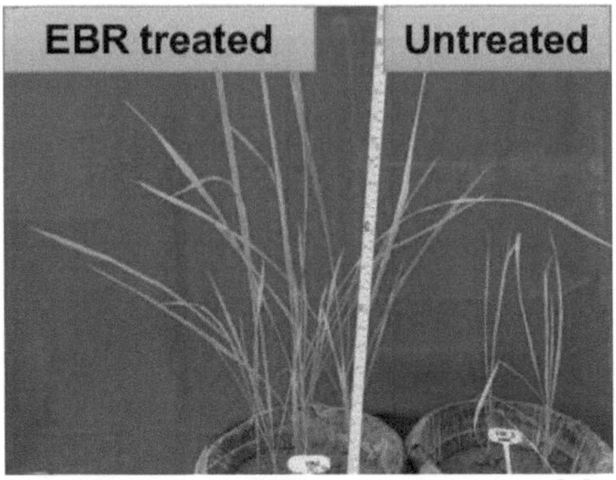

Figura 4.6. Efeito do tratamento com EBR no crescimento geral das plantas de arroz cultivadas em solo contaminado com arsénio. As plantas não tratadas apresentaram uma redução de aproximadamente 60% na altura das plantas em comparação com as plantas tratadas com EBR aos 90 dias após a transplantação em solo contaminado com arsénio.

4.6 Localização subcelular da Proteína

A localização subcelular é um dos principais aspectos que definem a função das proteínas. Os estudos de localização subcelular mostraram que OsGrx_C7, Lsi2 e OsCLT1 se localizam no cloroplasto (Tabela 4.2). OsHAC1;1 e Lsi1 localizam-se no citoplasma. OsHAC1;2 e OsABCC1 são proteínas secretoras. OsPht1, OsNRAMP1 e OsGrx_C2.1 contêm o sinal de localização nuclear (Tabela 4.2).

Tabela 4.2. A localização subcelular das proteínas utilizando a ferramenta Balanced Subcellular Localization Predictor (BaCelLo)

Name of proteins	Subcellular localization
OsHAC1;1	Cytoplasm
OsHAC1;2	Secretory
OsPht1	Nucleus
Lsi1	Cytoplasm
OsGrx_C7	Chloroplast
Lsi2	Chloroplast
OsNRAMP1	Nucleus
OsCLT1	Chloroplast
OsGrx_C2.1	Nucleus
OsABCC1	Secretory

4.6 Clonagem de gene(s) candidato(s) em vetor CRISPR/cas9 para edição genética em arroz

A técnica de repetições palindrómicas curtas regularmente espaçadas (CRISPR)/proteína9 associada a CRISPR (CRISPR/Cas9) é uma tecnologia poderosa, que tem sido amplamente aplicada para melhorar as caraterísticas de várias plantas cultivadas, incluindo o arroz. A construção da construção do gene CRISPR/Cas9 é o pré-requisito para a edição do(s) gene(s). Foram selecionados dois genes candidatos *Lsil* e *Lsi2* para clonar no vetor binário CRISPR/Cas9 (pBUN411). Estas construções CRISPR/Cas9 foram feitas para eliminar o *Lsil* e o *Lsi2* separadamente na planta do arroz. A ferramenta Web CHOPCHOP (https://chopchop.cbu.uib.no/) foi utilizada para conceber os RNAs-guia (gRNAs). O knockdown de genes pode ser conseguido através da eliminação de nucleótidos em sequências exónicas e/ou promotoras. Foram concebidos dois conjuntos de primers de gRNA com base nas sequências exónicas e promotoras de cada um dos genes selecionados, ou seja, *Lsil* e *Lsi2* (quadro 4.3). Os primers forward e reverse do gRNA foram alinhados por meio de ramping down PCR. Todos os gRNAs alinhados foram clonados em pBUN411 utilizando o kit de montagem NEB Golden Gate (BsaI-HFv-2). A mistura ligada foi transformada em células competentes de *E. coli* (DH5α) e selecionada em meio LB agar contendo canamicina. Foi efectuada uma PCR de colónia para rastrear o clone recombinante, utilizando o iniciador direto específico do OsU3 (OsU3_Fp) e o iniciador inverso específico do gRNA para cada construção genética.

Quadro 4.3 Lista de primers primers de ARN-guia (ARNg)

Name	Forward Primer (5' to 3')	Reverse Primer (5' to 3')
E_Lsi 1	**GGCG**CTGGTGTTCATGACGTGT G	**AAAC**CACACGTCATGAAC ACCAG
E_Lsi2	**GGCG**GGCCGGGAGGATTCCCA TG	**AACC**ATGGGAATCCTCCCGG CC
P_Lsi 1	**GGCG**CTCTCGTTGTCGTTCACG G	**AAAC**CCGTGAACGACAAC GAGAG
P_Lsi 2	**GGCG**AAGCGAGAATAATAAAG CC	**AAAC**GGCTTTATTATTCTC GCTT

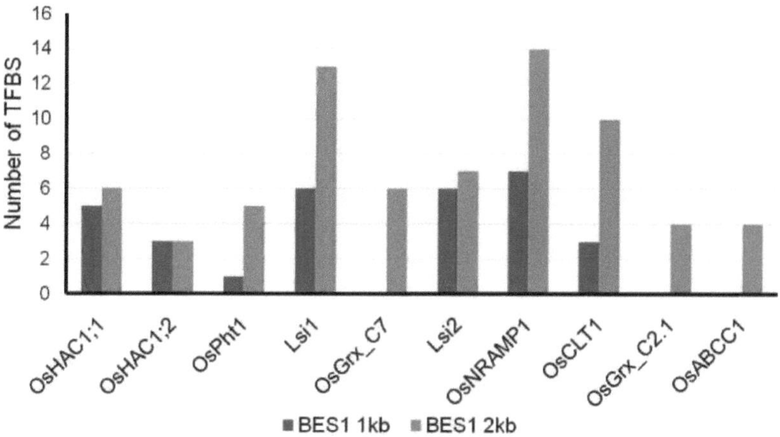

Figura 4.5. Análise de BES1 TFBSs na sequência promotora de genes associados à absorção e transporte de arsénio em arroz. As sequências a montante (1000 pb e 2000 pb) dos genes foram utilizadas para a identificação de BES1 TFBSs.

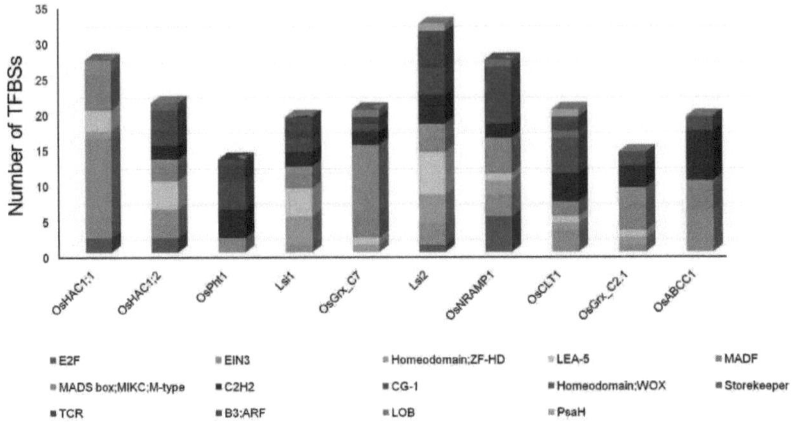

Figura 4.6. Análise de TFBSs na sequência promotora de genes associados à absorção e transporte de arsénio em arroz. As sequências a montante (1000 pb e 2000 pb) dos genes foram utilizadas para a identificação de TFBSs.

O produto de PCR amplificado foi electroforizado em gel de agarose a 1%. A presença de 300 pb indica o clone recombinante (Figura 4.9 e Figura 4.10). A presença de 300 pb confirma os clones recombinantes (pBUN411-gRNA-E_Lsi1, pBUN411- gRNA-P_Lsi1, pBUN411- gRNA-E_Lsi2 e pBUN411- gRNA-P_Lsi2). Além disso, o plasmídeo foi extraído dos clones recombinantes e a PCR foi efectuada utilizando o iniciador direto específico do OsU3 (OsU3_Fp) e o iniciador inverso específico do gRNA para cada construção genética. O produto amplificado da PCR foi electroforeseado em gel de agarose a 1%. Para confirmação, todos os clones foram sequenciados. As sequências obtidas foram alinhadas com as respectivas sequências de gRNA para confirmação.

4.7 Transformação de *A. tumefaciens* com clones CRISPR/Cas9 recombinantes

Todos os quatro clones recombinantes (pBUN411-gRNA-E_Lsi1, pBUN411-gRNA-P_Lsi1, pBUN411-gRNA_E_Lsi2 e pBUN411-gRNA_P_Lsi2) foram transformados em *A. tumefaciens AGL1* contendo o plasmídeo auxiliar pSoup, utilizando o método de congelamento e descongelamento (Jyothishwaranet *al.* 2007). As colónias de A. *tumefaciens* transformadas foram confirmadas por PCR de colónias utilizando um iniciador direto específico de OsU3 (OsU3_Fp) e um iniciador inverso específico de gRNA para cada construção genética.

DISCUSSÃO

A contaminação dos solos e da água com arsénio tornou-se uma questão ambiental importante, particularmente no Sul e no Sudeste Asiático (Shakoor et al., 2019; Pan et al., 2020). O envenenamento por arsénio afetou um grande número (300 milhões) de pessoas, conduzindo globalmente à arsenicose e ao aumento do risco de cancro (Kumar et al., 2021; Joseph et al., 2015). Os relatórios mostram que a Espanha e o Japão têm as maiores doses diárias de arsénio total, seguidos da Índia e da França (Sinha e Bhattacharyya 2015). A Índia foi identificada como um importante hotspot de arsénio (Kumar et al., 2021). Na Índia, vários estados, incluindo Bengala Ocidental e Bihar, estão altamente contaminados com arsénio nas águas subterrâneas. Mais de 18 distritos de Bihar enfrentam problemas de contaminação por arsénio nas águas subterrâneas, que afectam mais de dez milhões de pessoas (Singh et al., 2014; Kumar 2021). O arsénio encontra-se geralmente em dois estados nas massas de água: arsenito (AsIII) e arsenato (AsV) (Shaji et al., 2021). Embora ambas as formas inorgânicas sejam perigosas, o As(III) tem uma toxicidade muito mais elevada do que o As(V) (Shaji et al., 2021). Em geral, o As(V) é um décimo da toxicidade do As(III). Para além de beber água contaminada com arsénio, as culturas alimentares cultivadas e/ou irrigadas com água contaminada com arsénio são a principal fonte de exposição dos seres humanos (Kumar et al., 2021). Uma infinidade de relatórios indica que o consumo de arroz contribui para uma enorme proporção da ingestão total de arsénio nos seres humanos (Su et al., 2010; Sinha e Bhattacharyya 2015). A presença generalizada de contaminação por arsénio no solo de arroz ao longo das planícies indo-gangéticas exacerbou os riscos para a saúde associados à exposição ao arsénio numa grande população. Estima-se que o arroz pode absorver até dez vezes mais arsénio do que outras culturas (Williams et al., 2007; Schmidt et al., 2015). O cultivo de arroz utilizando o método de inundação resulta no estabelecimento de condições redutoras nos solos, o que resulta na predominância de As (III) altamente móvel sobre As (V) (Xu et al., 2008; Awasthi et al., 2017). Embora não tenham sido identificados transportadores especializados em plantas de arroz, diferentes formas de arsénio, como As (III) e

As (V), utilizam transportadores de ácido silícico e fosfato, respetivamente, para a sua entrada inadvertida na planta de arroz (Norton et al., 2010; Awasthi et al., 2017). A compreensão dos mecanismos de absorção e translocação de arsénio no arroz é essencial para o desenvolvimento de medidas de mitigação do arsénio no arroz.

O brassinosteróide (BR), uma hormona esteroide vegetal, desempenha um papel fundamental no crescimento e desenvolvimento das plantas, e também modula as respostas ao stress abiótico e biótico nas plantas cultivadas (Sahni et al, 2016). Os BRs foram recentemente associados à sua capacidade de proteger as plantas do envenenamento por metais pesados (Xu et al., 2018). O tratamento de BRs impede a acumulação de arsénio em plantas de arroz cultivadas em cultura hidropónica (Xu et al., 2018). No entanto, o efeito dos BRs nos genes envolvidos na absorção e translocação de arsénio em plantas de arroz cultivadas em solo contaminado com arsénio ainda não foi estudado. Portanto, analisamos o efeito do 24-epibrassinolide (EBR), um BR ativo, na expressão de genes envolvidos na absorção e translocação de arsênico em plantas de arroz cultivadas em solo naturalmente contaminado com arsênico.

Na presente investigação, dez genes, nomeadamente *OsHACs (OsHAC1;1* e *OsHAC1;2');* *OsPhtl, Lsil, Lsi2, OsGrxs (OsGrx_C7* e *OsGrx_C2.1), OsNRAMP1, OsCLTl* e *OsABCCl* foram estudados quanto à sua expressão em plântulas de arroz tratadas com EBR e cultivadas em solo naturalmente contaminado com arsénio em diferentes momentos. A expressão destes genes desempenha um papel crucial na absorção e translocação de arsénio em plantas de arroz (Pan et al., 2020; Li et al., 2016). No entanto, a dinâmica de expressão desses genes permanece desconhecida sob tratamento com EBR.

A análise da expressão de todos os genes selecionados foi realizada em diferentes momentos. No dia 14th após o tratamento com EBR, a maioria dos genes mostrou uma regulação positiva a vários níveis, exceto *Lsi2* e *OsABCC1.* A maior regulação positiva foi observada em *OsGrx_C7* seguido de *OsCLT1.* A expressão diferencial destes genes foi observada em diferentes tecidos durante todo o período de crescimento do tratamento com arsénio (Pan et al., 2020). A superexpressão de membros da família de glutaredoxinas (Grx) de arroz responsivos ao arsênico *OsGrx_C7* e *OsGrx_C2.1* em Arabidopsis e arroz resultou em um acúmulo de arsênico significativamente reduzido nas sementes de arroz e Arabidopsis (Verma et al., 2016, 2020). A regulação positiva de OsNRAMP1 no tratamento com EBR promove o crescimento saudável das plantas, uma vez que os NRAMPs são conhecidos pelo transporte de nutrientes como a absorção de Fe, Zn e Mn (Nevo & Nelson 2006; Tiwari et al., 2013). A supressão da expressão de *Lsi2* (transportador de efluxo de silício) no nosso estudo pode estar relacionada com a redução considerável da acumulação de arsénio em rebentos e grãos de mutantes de arroz com defeito em *Lsi2* (Ma et al., 2008). A modulação precoce mediada por EBR de genes envolvidos na absorção e transporte de arsénio levou-nos a observar a sua expressão em solos contaminados com arsénio.

A expressão diferencial destes genes foi detectada nas folhas de arroz em vários momentos quando as plântulas tratadas com EBR foram transplantadas para solo contaminado com arsénio. No tecido foliar, a expressão da maioria dos genes, nomeadamente *OsHAC1;1, OsHAC1;2, OsPht1, OsNRAMP1, OsCTL1, OsGrx_C2.1* e *OsABCC1,* foi elevada em graus variáveis a 1st , 3rd e 6th semana após o transplante. No entanto, *Lsi1* e *Lsi2* foram suprimidos em graus variados em todos os pontos de tempo examinados. A expressão elevada de *OsHAC1; 1, OsHAC1*; 2, *OsGrx_C7* e *OsGrx_C2.1* no tecido foliar do arroz tratado com EBR que cresce em solo contaminado com arsénico apoia a redução da acumulação de arsénico no grão de arroz, como demonstrado anteriormente pela sobreexpressão destes genes (Shi et al., 2016; Verma et al., 2016, 2020). Verificou-se anteriormente que a expressão *de OsNRAMP1* aumentava após o tratamento com arsénio (Chakrabarty et al. 2009), o que valida os nossos resultados. A expressão aumentada de *OsNRAMP1* no nosso estudo pode proporcionar tolerância ao arsénico, conforme relatado anteriormente em Arabidopsis com sobreexpressão de *OsNRAMP1* (Tiwari et al., 2013). *OsABCC1* é necessário para o sequestro vacuolar de arsénio e, como resultado, para a redução da acumulação de arsénio nos grãos de arroz (Song et al., 2014). A expressão de *OsABCC1* foi registada em todos os órgãos do arroz (Song et al., 2014). A sobreexpressão de *OsABCC1* no nosso estudo leva a uma maior tolerância ao arsénio no arroz. O nosso estudo está de acordo com o estudo anterior, uma vez que o knockout de *OsABCC1* resultou numa diminuição significativa da tolerância ao arsénio no arroz (Song et al., 2014). A sobreexpressão de *OsCLT1* no nosso estudo pode estar associada a uma maior acumulação de arsénio nas raízes, mas a uma menor acumulação de arsénio nos rebentos, uma vez que o mutante *Osclt1* reduziu a acumulação de arsénio nas raízes, mas uma acumulação de arsénio superior ou semelhante nos rebentos (Yang et al., 2016). A regulação positiva de *OsPht1* aumentou a absorção de As(V), uma forma menos tóxica de arsénio em comparação com o As(III), conforme relatado por investigadores anteriores (Wu et al., 2011). Os nossos estudos demonstraram claramente que *Lsi1* e *Lsi2* foram suprimidos em graus variáveis em todos os pontos de tempo examinados. A supressão dos genes *Lsi1* e *Lsi2* pode ser benéfica para reduzir a acumulação de arsénio na palha e no grão. Relatórios anteriores mostraram claramente que os mutantes knockout de *Lsi1* e *Lsi2* reduziram consideravelmente a acumulação de arsénio na palha e na palha e no grão, respetivamente (Ma et al., 2008; Chen et al., 2017). A redução de 51-63% na concentração de arsénio foi observada no knockout de *Lisi2* em comparação com o arroz de tipo selvagem (Ma et al., 2008). O nível mais elevado de desregulação de *Lsi2* em todos os pontos temporais estudados pode desempenhar um papel na redução da acumulação de arsénio mediada por BR no arroz.

A palha de arroz é a fonte barata de forragem para o gado, que desempenha um papel significativo no desenvolvimento agrícola (Aquino et al., 2020). A alimentação a longo prazo de forragens e água contaminadas com arsénio a animais leiteiros pode resultar no aumento do nível de concentração de arsénio no leite cru, que pode entrar na cadeia alimentar (Sarkar st al., 2016). A redução da absorção de arsénio na palha de arroz pode reduzir o risco de contaminação por arsénio no leite cru. Por conseguinte, foi estudado o perfil de expressão de genes no tecido do caule do arroz colhido de plantas de arroz tratadas com EBR e não tratadas 6 semanas após o transplante em solo contaminado com arsénio. O caule do arroz actuará como um elo de ligação entre a raiz e a panícula. A acumulação de arsénio nas sementes será significativamente reduzida se o trânsito de arsénio através do caule for reduzido. A compreensão da expressão dos genes envolvidos na absorção e transporte de arsénio no arroz ajudará no desenvolvimento de métodos de mitigação. O nosso estudo demonstrou que *OsHAC1;1, OsHAC1;2, OsPhtl, OsGrx_C7, OsNRAMP1, OsCTLl, OsGrx_C2.1* e *OsABCC1* foram aumentados a diferentes níveis, enquanto que *Lsi1* e *Lsi2* mostraram supressão a diferentes níveis às 6th semanas após o transplante. A expressão elevada de *OsHAC1;1*, *OsHAC1* ;2, *OsGrx_C7* e *OsGrx_C2.1* no caule pode ajudar a reduzir a translocação e acumulação de arsénio no grão de arroz, como evidenciado por estudos anteriores (Shi et al., 2016; Verma et al., 2016, 2020). A expressão de *OsHAC1; 1* também foi considerada significativa no caule, o que também foi apoiado por estudo anterior (Xu et al., 2017). A expressão aumentada de *OsNRAMP1* em nosso estudo pode fornecer tolerância ao arsênico, conforme relatado anteriormente em Arabidopsis superexpressando *OsNRAMP1* (Tiwari et al., 2013). A sobreexpressão de *OsABCC1* no nosso estudo leva a uma maior tolerância ao arsénio no arroz. O nosso estudo está de acordo com estudos anteriores, uma vez que o knockout de *OsABCC1* resultou numa diminuição significativa da tolerância ao arsénio no arroz (Song et al., 2014). Na fase reprodutiva, a sobreexpressão de *OsABCC1* limita o transporte de arsénio para os grãos, sequestrando o arsénio nas células companheiras do floema (Song et al., 2014). A sobreexpressão de OsABCC 1 no nosso estudo também sugere a inibição do movimento do arsénio nos grãos de arroz através do mecanismo de sequestro do arsénio. A sobreexpressão de *OsCLTl* no nosso estudo pode estar associada a uma maior acumulação de arsénio nas raízes, mas a uma menor acumulação de arsénio nos rebentos, uma vez que o mutante *Oscltl* reduziu a acumulação de arsénio nas raízes, mas uma acumulação de arsénio superior ou semelhante nos rebentos (Yang et al., 2016). A regulação positiva de *OsPhtl* aumentou a absorção de As(V), uma forma menos tóxica de arsénio em comparação com o As(III), conforme relatado por investigadores anteriores (Wu et al., 2011). Os nossos estudos demonstraram claramente que *Lsil* e *Lsi2* foram suprimidos no tecido do caule. A supressão dos genes *Lsil* e *Lsi2* pode ser benéfica para reduzir a acumulação de arsénio na palha e no grão. Relatórios anteriores mostraram claramente que os mutantes knockout de *Lsil* e *Lsi2* reduziram consideravelmente a acumulação de arsénio na palha e na palha e no grão, respetivamente (Ma et al., 2008; Chen et al., 2017).

As raízes são geralmente o primeiro tecido a ser exposto ao arsénio presente no solo e na água (Shukla et al., 2016). Vários factores, como a concentração e as formas de arsénio, a formação de placas de ferro, etc., perto da zona da raiz e a presença de transportadores de Si e de fosfato, a expressão de genes associados à absorção e ao transporte de arsénio, etc., na raiz, determinam a absorção de arsénio e a sua translocação para os tecidos dos rebentos. A modulação dos genes envolvidos na absorção e transporte de arsénio na raiz será crucial, uma vez que regula a entrada de arsénio na planta e a sua transferência para outros tecidos. Todos os genes foram elevados nas raízes de arroz tratadas com EBR em um ou mais pontos de tempo investigados, com exceção de *Lsi2.* Os genes *OsHACl;l* e *OsHACl;2* estão ligados à conversão de As(V) em As(III) e à saída de As(III) das raízes para o solo (Shi et al., 2016; Chao et al., 2014). Os níveis mais elevados de expressão de *OsHACl;l* e *OsHACl;2* foram observados no tecido da raiz, o que foi consistente com descobertas anteriores (Shi et al., 2016). A expressão de *OsHACl; l* também foi considerada significativa na raiz, o que também foi apoiado por estudo anterior (Xu et al., 2017). A expressão aumentada de *OsNRAMPl* em nosso estudo pode fornecer tolerância ao arsênico, conforme relatado anteriormente em Arabidopsis superexpressando *OsNRAMP1* (Tiwari et al., 2013). A sobreexpressão de *OsABCC1* no nosso estudo leva a uma maior tolerância ao arsénio no arroz. O nosso estudo está de acordo com estudos anteriores, uma vez que o knockout de *OsABCC1* resultou numa diminuição significativa da tolerância ao arsénio no arroz (Song et al., 2014). A sobreexpressão de *OsCLTl* no nosso estudo pode estar associada a uma maior acumulação de arsénio nas raízes, mas a uma menor acumulação de arsénio nos rebentos, uma vez que o mutante *Oscltl* reduziu a acumulação de arsénio nas raízes, mas uma acumulação de arsénio superior ou semelhante nos rebentos (Yang et al., 2016). A regulação positiva de *OsPhtl* aumentou a absorção de As(V), uma forma menos tóxica de arsénio em comparação com As(III), conforme relatado anteriormente pelo investigador (Wu et al., 2011). A supressão de *Lsil* foi observada em raízes tratadas com EBR em 1st e 3rd semana após o transplante em solo contaminado com arsénio, enquanto em 6th semana foi observada a regulação positiva de *Lsi1*. Os nossos estudos demonstraram claramente que *Lsi2* foi suprimido no tecido da raiz em todos os pontos de tempo estudados. *Foi relatado que Lsil* e *Lsi2 se expressam* constitutivamente em raízes e rebentos de arroz (Ma et al., 2007). Os estudos de expressão dos genes transportadores *Lsil* e Lsi2 sugerem que estes transportadores são o principal ponto de entrada para o transporte de As(III) no arroz (Ma et al., 2008; Zhao et al., 2010). A supressão dos genes *Lsi2* pode ser benéfica para reduzir a acumulação de arsénio na palha e no grão de arroz. Relatórios anteriores mostraram claramente que os mutantes knockout de *Lsil* e *Lsi2* reduziram consideravelmente a acumulação de arsénio na palha e tanto na palha como no grão, respetivamente (Ma et al., 2008; Chen et al., 2017). Em conjunto, a expressão diferencial mediada por EBR de genes associados ao arsénio em diferentes tecidos da planta de arroz mostrou um efeito inibitório grosseiro na absorção e translocação de arsénio na planta de arroz.

A presença de TFBSs na região promotora dos genes foi crucial para a regulação da sua expressão. Por conseguinte, a identificação de TFBSs na região promotora dos genes será bastante útil para prever a expressão adequada dos genes. As sequências promotoras dos genes associados à captação de arsénio e à sua translocação foram utilizadas para a identificação da análise de TFBSs. Uma vez que BES1 é um TF bem caracterizado na via de sinalização BR, regulando diretamente muitos genes responsivos a BR (Sun et al. 2010; Yu et al. 2011), concentrámo-nos nos locais de ligação a BES1. O enriquecimento máximo de sítios de ligação de BES1 foi observado nas sequências de 1000 pb a montante de *OsNRAMP1*, seguido de *Lsi2, Lsiland OsHAC1;1.* No entanto, não foram observados sítios de BES1 nas sequências de 1000 pb a montante de OsGrx_C7, OsGrx_C2.1 e OsABCC1. Em sequências de 2000 pb a montante, o enriquecimento máximo de sítios BES1 foi observado em OsNRAMP1, seguido de *Lsi1, OsCLTl, Lsi2,*

OsGrx_C7 e OsHAC1;1.

A presença de TFBSs na região promotora dos genes foi crucial para a regulação da sua expressão. A identificação de TFBSs na região promotora dos genes será bastante útil para prever a expressão adequada dos genes. No presente estudo, as sequências promotoras de todos os dez genes associados à captação de arsénio e à sua translocação foram utilizadas para a identificação da análise de TFBSs. Uma vez que BES1 é um TF bem caracterizado na via de sinalização BR, regulando diretamente muitos genes responsivos a BR (Sun et al. 2010; Yu et al. 2011), concentrámo-nos na identificação de sítios de ligação a BES1 na região a montante de 1000 pb e 2000 pb. O enriquecimento máximo de sítios de ligação de BES1 foi observado nas sequências a montante de 1000 pb de *OsNRAMP1*, seguido de *Lsi2, Lsi1e OsHAC1;1.* No entanto, não foram observados sítios de BES1 nas sequências a montante de 1000 pb de OsGrx_C7, OsGrx_C2.1 e OsABCC1. Em sequências de 2000 bp a montante, o enriquecimento máximo de sítios BES1 foi observado em OsNRAMP 1 seguido por *Lsi1, OsCLT1, Lsi2, OsGrx_C7e OsHAC1;1.* O maior enriquecimento de BES1 TFBSs foi relatado em genes induzidos por EBR (Prasad et al., 2021). BES1 é um componente positivo na sinalização BR que regula a expressão de genes responsivos a BR associados ao crescimento e desenvolvimento da planta e respostas ao estresse (Prasad et al., 2021).

Os genes associados à captação de arsénio e à sua translocação também mostraram um enriquecimento de TFBSs como E2F, EIN3, Homeodomínio;ZF-HD, LEA-5, MADS box, C2H2, CG-1, Homeodomínio;WOX, etc. O maior número de TFBSs EIN3 e MADF foi observado em *OsHAC1;1.* No caso dos TFBSs C2H2, o maior enriquecimento foi observado em *OsABCC1.* Os TFBSs CG-1 e Lea-5 com maior enriquecimento foram *OsNRAMP1* e *Lsi2,* respetivamente. As funções dos factores de transcrição MYB nas plantas têm sido amplamente estudadas (Chen et al., 2006; Wang et al., 2017). Sítios de ligação MYB foram observados nas sequências promotoras de arroz *Lsi1, Lsi2* e *Lsi6* (Wang et al., 2017). A ligação do MYB TF no arroz Lis1, Lsi2 e Lsi6 desempenha um papel fundamental na regulação da absorção de arsénio e na translocação da raiz para o rebento no arroz (Wang et al., 2017).

A localização subcelular de proteínas é fundamental para elucidar suas possíveis funções (Savojardo et al., 2018; Garapati et al., 2020). A disponibilidade de dados de sequenciamento revolucionou a previsão da localização subcelular de proteínas. Utilizámos a ferramenta Balanced Subcellular Localization Predictor (BaCelLo) (http://gpcr.biocomp.unibo.it/bacello/info.htm) para prever a localização subcelular de genes associados à captação de arsénio e à sua translocação no arroz. Os estudos de localização subcelular mostraram que OsGrx_C7, Lsi2 e OsCLT1 se localizam no cloroplasto. OsHAC1;1 e Lsi1 localizam-se no citoplasma. OsHAC1;2 e OsABCC1 são proteínas secretoras. OsPht1, OsNRAMP1 e OsGrx_C2.1 contêm o sinal de localização nuclear. A localização subcelular de OsCLT1 no plastídeo foi validada experimentalmente utilizando a análise GUS (Yang et al., 2016). A construção de fusão GFP de OsHAC1;1 e OsHAC 1 ;2 confirmou a sua localização no citoplasma (Shi et al., 2016). Apesar do facto de BaCelLo prever que OsABCC1 é uma proteína secretária, foi confirmado experimentalmente que se encontra na região do floema dos feixes vasculares (Song et al., 2014).

RESUMO E CONCLUSÃO

O envenenamento por arsénico tornou-se uma realidade nos últimos anos. Apesar de uma série de acções de correção e prevenção, a contaminação por arsénico das águas subterrâneas e do solo continua a aumentar, e estão a ser acrescentadas novas localizações à lista de contaminados por arsénico. Na Índia, a bacia do Ganges, uma conhecida região de cultivo de arroz, está fortemente contaminada com arsénio. Infelizmente, a acumulação de arsénio no arroz é várias vezes superior à de outras culturas cerealíferas, o que constitui uma séria preocupação para os milhões de pessoas que dependem do arroz como alimento de base. A prática e as questões ecológicas do cultivo do arroz em condições de inundação, onde o arsenito [As (III)], uma forma mais tóxica e facilmente solúvel de arsénio inorgânico, é abundante, intensificaram ainda mais a sua absorção no arroz, causando sérios problemas de saúde nos seres humanos. As plantas evoluíram com diferentes formas de arsénio, ou seja, AS (III) e As (V), e com diferentes mecanismos de absorção, toxicidade e desintoxicação. A entrada de diferentes formas de arsénio nas plantas de arroz varia consideravelmente. Por conseguinte, uma compreensão profunda dos factores que influenciam a absorção e o transporte de arsénio do solo para os grãos pode ser útil para resolver esta questão, de modo a desenvolver arroz com baixo teor de arsénio.

Em condições de inundação, o As (III), uma forma dominante de arsénio inorgânico, entra nas plantas de arroz através do transportador de influxo de Si Lsi1 (arroz com baixo teor de silício 1), enquanto o efluxo de As (III) é mediado pelo transportador de efluxo de Si Lsi2 (arroz com baixo teor de silício 2). *O OsNRAMP1,* um transportador *NRAMP* (Natural Resistance-Associated Macrophage Protein) do arroz, poderia igualmente desempenhar um papel no tráfico de AsIII. Estudos demonstraram que o transportador ABC do arroz *(OsABCC1)* desempenha um papel fundamental na desintoxicação do arsénio, sequestrando o As (III). *O Rice High Arsenic Content 1 (OsHAC1;1* e *OsHAC1;2)* reduz o As (V) em As (III) na camada celular externa das raízes, facilitando o efluxo de AsIII para o ambiente externo, o que causa uma menor acumulação de arsénio no arroz. *OsCLT1* codifica um transportador do tipo CRT, que desempenha um papel vital na manutenção da homeostase da glutationa e na tolerância ao arsénio no arroz. *OsGrx_C7* e *OsGrx_C2.1,* glutaredoxinas do arroz, estão envolvidos na redução da acumulação de As (III) na planta.

O brassinosteróide (BR), uma hormona esteroidal vegetal, desempenha um papel fundamental no crescimento e desenvolvimento das plantas, modulando as respostas ao stress e tem a capacidade de proteger as plantas do envenenamento por metais pesados. O tratamento com BRs impede a acumulação de arsénico em plantas de arroz cultivadas em cultura hidropónica. No entanto, o efeito dos BRs nos genes envolvidos na absorção e translocação de arsénio em plantas de arroz cultivadas em solo contaminado com arsénio ainda não foi estudado. Assim, analisámos o efeito do 24-epibrassinolide (EBR), um BR ativo, na expressão de genes envolvidos na absorção e translocação de arsénio em plantas de arroz cultivadas em solo naturalmente contaminado com arsénio.

Na presente investigação, dez genes, nomeadamente *OsHACs (OsHAC1;1* e OsHAC1;2); *OsPht1, Lsi1, Lsi2, OsGrxs (OsGrx_C7* e *OsGrx_C2.1), OsNRAMP1, OsCLT1* e *OsABCC1* foram estudados quanto à sua expressão em plântulas de arroz tratadas com EBR e cultivadas em solo contaminado com arsénico em diferentes momentos. No entanto, a dinâmica da expressão destes genes permanece desconhecida sob o tratamento com EBR. A expressão destes genes desempenha um papel crucial na absorção e translocação de arsénio nas plantas de arroz.

Na amostra de arroz tratada com EBR, todos os genes foram regulados positivamente a diferentes níveis, exceto *Lsi2* e *OsABCC1. Os* genes que foram altamente regulados na amostra de arroz tratado com EBR incluíram *OsGrx_C7* (indução de ~2,88 vezes), seguido de *OsCLT1* (indução de ~2,24 vezes) e Lsi 1 (indução de ~1,83 vezes). A regulação negativa máxima foi observada em Lsi2 (~4,06 vezes), seguida por *OsABCC1* (~1,43 vezes).

No tecido foliar, *OsHAC1;1, OsHAC1*;2, *OsPht1, OsNRAMP1, OsCTL1, OsGrx_C2.1* e *OsABCC1* foram aumentados para diferentes níveis em todos os pontos de tempo estudados, ou seja, 1st , 3rd e 6th semana após o transplante de plântulas de arroz tratadas com EBR em comparação com plântulas de arroz não tratadas. *Lsil* e *Lsi2* mostraram supressão em diferentes níveis em todos os pontos de tempo estudados. O máximo de expressões nas folhas de arroz tratadas com EBR a 1st semana após o transplante em solo contaminado com arsénio incluiu *OsNRAMP1* (~9 vezes) seguido de *OsPhtl* (~5,82 vezes), *OsGrx_C2.1* (~5,2 vezes) e *OsHAC1;1* (~3,5 vezes). Às 3rd semanas após o transplante, a expressão mais elevada foi observada em *OsABCC1* (~5,5 vezes), seguida de *OsNRAMP1* (~4,89 vezes) e *OsCLT1* (~3,4 vezes). Às 6th semanas após o transplante de plântulas de arroz tratadas com EBR e não tratadas em solo contaminado com arsénico, a maior regulação positiva foi observada em *OsHAC1;2* (~2,3 vezes), seguida de *OsABCC1* (~2,1 vezes) e *OsGrx_C7* (~1,9 vezes), enquanto a regulação negativa máxima foi observada em *Lsi2* (~4,0 vezes), seguida de *Lsil* (~1,7 vezes).

A tendência do perfil de expressão do gene no caule é quase semelhante à das folhas. No caule, *OsHAC1;1, OsHAC1;2, OsPht1, OsGrx_C7, OsNRAMP1, OsCTL1, OsGrx_C2.1* e *OsABCC1* foram aumentados em diferentes níveis às 6th semanas após o transplante, enquanto *Lsil* e *Lsi2* mostraram supressão em diferentes níveis.

No tecido radicular, com exceção de *Lsil*, *OsGrx_C7* e *Lsi2*, todos os genes foram regulados positivamente em raízes de arroz tratadas com EBR a 1st semana após o transplante em solo contaminado com arsénio, incluindo *OsPht1* (~18.1 vezes), *OsHAC1;1* (~17,5 vezes), *OsHAC1;2* (~9,2 vezes), *OsGrx_C2.1* (~8,2 vezes), *OsNRAMP1* (~6,2 vezes), *OsABCC1* (~2,0 vezes) e *OsCTL1* (~1,9 vezes). A regulação negativa máxima da expressão do gene foi observada em *Lsi2* (~14,6 vezes) seguido por *Lsi1* (~6,5 vezes) e *OsGrx_C7* (~2,8 vezes) em raízes de arroz tratadas com EBR após 1st semana de transplante. Em 3rd semanas após o transplante, as raízes de arroz tratadas com EBR mostraram uma regulação positiva dos genes *OsNRAMP1* (~15,6 vezes), *OsHAC1;1* (~6,9 vezes), *OsABCC1* (~5,9 vezes), *OsPht1* (~5,4 vezes), *OsCLT1* (~3,7 vezes) e OsHAC1;2 (~1,3 vezes). Às 6th semanas após o transplante de plântulas de arroz tratadas com

EBR e não tratadas em solo contaminado com arsénico, observou-se uma regulação positiva máxima dos genes em *OsNRAMP1* (~12,7 vezes), seguida de *Lsil* (~9,4 vezes) e *OsCLTl* (~7,4 vezes), enquanto que a regulação negativa foi observada apenas em *Lsi2* (~2,8 vezes).

BES1 é um TF bem caracterizado na via de sinalização BR, regulando diretamente muitos genes responsivos a BR. Por conseguinte, foram identificados sítios de ligação a BES1 nas sequências a montante de todos os genes estudados. O enriquecimento máximo de sítios de ligação a BES1 foi observado nas sequências a montante de 1000 pb de *OsNRAMPl*, seguido de *Lsi2, Lsil* e *OsHACl;l.* Nas sequências de 2000 pb a montante, o enriquecimento máximo de sítios BES1 foi observado em OsNRAMP1, seguido de *Lsil, OsCLTl, Lsi2, OsGrx_C7 e OsHACl;l.*

Os estudos de localização subcelular mostraram que OsGrx_C7, Lsi2 e OsCLT 1 se localizam no cloroplasto. OsHAC1;1 e Lsi1 localizam-se no citoplasma. OsHAC1;2 e OsABCC1 são proteínas secretoras. OsPht1, OsNRAMP1 e OsGrx_C2.1 contêm o sinal de localização nuclear.

BIBLIOGRAFIA

Abbas G., Murtaza B., Bibi I., Shahid M., Niazi NK., Khan MI., Amjad M., Hussain M; Natasha. (2018) Captação, toxicidade, desintoxicação e especiação de arsénio nas plantas: Aspectos fisiológicos, bioquímicos e moleculares. Int J Environ Res Public Health, 15(1):59.

Adeloju SB., Khan S., Patti AF. (2021) Contaminação por arsénico das águas subterrâneas e suas implicações para a qualidade da água potável e saúde humana em países subdesenvolvidos e comunidades remotas - uma revisão. Appl Sci., 11(4):1926.

Alam MGM, Snow ET, Tanaka A. (2003) Arsenic and heavy metal contamination of vegetables grown in Samta village, Bangladesh. Sci Total Environ, 308(1-3):83-96.

Aquino D., Barrio AD., Trach NX. et al. (2020) Forragem à base de palha de arroz para ruminantes. Em: Gummert M., Hung N., Chivenge P., Douthwaite B. (eds) Sustainable Rice Straw Management. Springer, Cham. pp. 111-129.

Armendariz AL., Talano M.A., Travaglia C., Reinoso H., Wevar Oller AL, Agostini E. (2016) Toxicidade do arsénio em plântulas de soja e seus mecanismos de atenuação. Plant Physio Biochem, 98, 119-127.

Awasthi S., Chauhan R., Srivastava S., Tripathi RD (2017) A viagem do arsénico do solo ao grão no arroz. Front Plant Sci., 8.

Biswas JK., Warke M., Datta R., Sarkar D. (2020) O arsénico no arroz é uma grande preocupação para a saúde humana? Curr Pollut Rep., 6 (2):37-42.

Brammer H., Ravenscroft P. (2009) Arsenic in groundwater: a threat to sustainable agriculture in

South and South-east Asia. Environ Int., 35(3): 647-654.

Brazelton VAJr., Zarecor S., Wright DA., Wang Y., Liu J., Chen K., Yang B., Lawrence-Dill CJ. (2015) A quick guide to CRISPR sgRNA design tools. GM Crops Food, 6(4):266-76.

Chakrabarty D., Trivedi PK., Misra P., Tiwari M., Shri M., Shukla D., Kumar S., Rai A., Pandey A., Nigam D., Tripathi RD., Tuli R. (2009) Comparative transcriptome analysis of arsenate and arsenite stresses in rice seedlings. Chemosphere 74(5):688- 702.

Chakraborty M., Mukherjee A., Ahmed KM. (2015) Uma revisão do arsénico das águas subterrâneas na Bacia de Bengala, Bangladesh e Índia: da fonte ao sumidouro. Curr Pollut Rep., 1(4):220-247.

Chao DY, Chen Y, Chen J, Shi S, Chen Z, Wang C, Danku JM, Zhao FJ, Salt DE. (2014) O mapeamento de associação de todo o genoma identifica uma nova enzima arsenato redutase crítica para limitar o acúmulo de arsênico nas plantas. PLoS Biol, 12(12):e1002009.

Chen HW. (2006) Poluição por gálio, índio e arsénio das águas subterrâneas de uma zona de fabrico de semicondutores de Taiwan. Bull Environ Contam Toxicol, 77(2):289-296.

Chen Y., Sun SK., Tang Z., Liu G., Moore KL., Maathuis FJM. et al. (2017) A proteína de membrana intrínseca OsNIP3;2, semelhante à nodulina 26, está envolvida na absorção de arsenito pelas raízes laterais do arroz. J Exp Bot., 12:e0173681.

Davis MA., Signes-Pastor AJ., Argos M., Slaughter F., Pendergrast C., Punshon T., Gossai A., Ahsan H, Karagas MR (2017) Avaliação da exposição alimentar humana ao arsénio através do arroz. Sci Total Environ, 586:1237-1244.

Dong OX., Yu S., Jain R., Zhang N., Duong PQ., Butler C., Li Y., Lipzen A., Martin JA., Barry KW., Schmutz J., Tian L., Ronald PC. (2020) Arroz enriquecido com carotenóides sem marcadores gerado por meio da inserção de genes direcionados usando CRISPR-Cas9. Nat Commun., 11(1):1178.

Enríquez-Obregón G.A., Prieto-Samsónov DL., de la Riva GA. e t al. (1999) Agrobacterium-mediated Japonica rice transformation: a procedure assisted by an antinecrotic treatment. Plant Cell Tiss Org., 59:159-168.

Fendorf S., Michael HA., van Geen A. (2010) Spatial and temporal variations of groundwater arsenic in South and Southeast Asia. Science, 328(5982):1123-7.

Flanagan SV., Johnston RB., Zheng Y. (2012) Arsenic in tube well water in Bangladesh: health and economic impacts and implications for arsenic mitigation. Boletim do Órgão Mundial de Saúde, 90:839-846.

Garapati HS., Male G., Mishra K. (2020) Previsão da localização subcelular de proteínas utilizando dados de interação proteína-proteína. Genómica, 112(3):2361-2368.

Ghosh B., Ali MN., Saikat G (2016) Resposta do arroz ao stress da salinidade: A Review Update. J Res Rice, 4:167.

Gilbert-Diamond D., Cottingham KL., Gruber JF., Punshon T., Sayarath V., Gandolfi AJ., Baker ER., Jackson BP., Folt CL., Karagas MR. (2011) O consumo de arroz contribui para a exposição ao arsénico em mulheres norte-americanas. Proc Natl Acad Sci USA, 108(51):20656-60.

He Y., Zhang X., Shi Y., Xu X., Li L., Wu J-L. (2021) Correção para: FOLHA DE

SENESCÊNCIA PREMATURA 50 Promove Tolerância ao Estresse por Calor em Arroz *(Oryza sativa* L.). Arroz 14:63.

Herce-Pagliai C., Moreno I., González G., Repetto M., Cameán AM. (2002) Determinação do arsénio total e das espécies inorgânicas e orgânicas de arsénio no vinho. Food Addit Contam, 19(6):542-6.

Jia H., Zhang S., Wang L., Yang Y., Zhang H., Cui H., Shao H., Xu G. (2017) OsPht1; 8, um transportador de fosfato, está envolvido na resposta à fome de auxina e fosfato no arroz. J Exp Bot., 68(18), 5057-5068.

Joseph T., Dubey B., McBean EA. (2015) Uma revisão crítica da exposição ao arsénico dos adultos do Bangladesh. Sci Total Environ, 527-528:540-51.

Karagas MR., Punshon T., Davis M., Bulka CM., Slaughter F., Karalis D., Argos M., Ahsan H. (2019) Ingestão de arroz e preocupações emergentes sobre o arsênico no arroz: uma revisão das evidências humanas e desafios metodológicos. Curr Environ Health Rep., 6(4):361-372.

Khan MA, Islam MR, Panaullah GM, Duxbury JM, Jahiruddin M, Loeppert RH. (2010).Acumulação de arsénio no solo e no arroz em condições de zonas húmidas no Bangladesh. *Plant and Soil,* 333(1), 263-274.

Krishna P., Prasad BD., Rahman T. (2017) Ação dos Brassinosteróides na Tolerância ao Stress Abiótico das Plantas. Métodos Mol Biol., 1564:193-202.

Kumar A., Ali M., Kumar R., Kumar M., Sagar P., Pandey RK., Akhouri V., Kumar V., Anand

G., Niraj PK., Rani R., Kumar S., Kumar D., Bishwapriya A, Ghosh AK. (2021) Exposição ao arsénico nas planícies indo-gangéticas de Bihar, causando um aumento do risco de cancro. Sci Rep., 11(1):2376.

Kumari D., Prasad BD., Singh AK., Solanki IS. (2018) Análise comparativa in silico dos locais de ligação do fator transcricional em arroz e ArabidopsisCalmodulin Binding Protein 60s Genes. CJAST., 31(1): 1-9.

Labun K., Montague TG., Gagnon JA., Thyme SB., Valen E. (2016) CHOPCHOP v2: Uma ferramenta web para a próxima geração de engenharia de genoma CRISPR. Nucleic Acids Res., 44:W272-W276.

Labun K., Montague TG., Gagnon JA., Thyme SB., Valen E. (2016) CHOPCHOP v2: uma ferramenta web para a próxima geração de engenharia genómica CRISPR. Nucleic Acids Res., 44(W1):W272-6.

Labun K., Guo X., Chavez A., Church G., Gagnon JA., Valen E. (2019) Análise precisa de eventos de edição CRISPR genuínos com ampliCan. Genome Res., 29(5):843- 847.

Li M., Li X., Zhou Z., Wu P., Fang M., Pan X, Lin Q., Luo W., Wu G., Li H. (2016) Reavaliação dos quatro genes relacionados ao rendimento Gn1a, DEP1, GS3 e IPA1 no arroz usando um sistema CRISPR / Cas9. Front Plant Sci., 7:377.

Liao CM., Lin TL., Hsieh NH., Chen WY. (2010) Avaliação do arroz contaminado com arsénico *(Oryza sativa)* associado a lesões cutâneas em crianças. J Hazard Mater, 176(1-3):239-51.

Livak KJ., Schmittgen TD. (2001) Análise de dados relativos de expressão genética utilizando PCR quantitativa em tempo real e o método 2(-Delta Delta C(T)) Method. Methods, 25(4):402-8.

Ma JF., Yamaji N., Mitani N., Tamai K, Konishi S., Fujiwara T., Katsuhara M., Yano M. (2007) Um transportador de efluxo de silício no arroz. Nature, 448 (7150):209-12.

Ma JF., Yamaji N., Mitani N., Xu XY., Su YH., McGrath S.P, Zhao FJ (2009). Transportadores de arsenito no arroz e o seu papel na acumulação de arsénio no grão de arroz. Proc Natl Acad Sci USA, 105(29): 9931-5.

McArthur JM. (2019) Arsénio nas águas subterrâneas. InGroundwater Development and *Management*. pp. 279-308.

Nevo Y., Nelson N. (2006) The NRAMP family of metal-ion transporters. Biochim Biophys Ata, 1763(7):609-20.

Norton GJ, Deacon CM, Xiong L, Huang S, Meharg AA, Price AH. (2010) Mapeamento genético do ionoma do arroz em folhas e grãos: identificação de QTLs para 17 elementos, incluindo arsénio, cádmio, ferro e selénio. Plant Soil, 329:139-153.

Pan D., Yi J., Li F. et al. (2020) Dinâmica da expressão gênica associada à absorção e transporte de arsênico no arroz durante todo o período de crescimento. BMC Plant Biol, 20:133.

Phan K., Sthiannopkao S., Kim KW., Wong MH., Sao V., Hashim JH., Mohamed Yasin MS., Aljunid SM. (2010) Avaliação dos riscos para a saúde da ingestão de arsénio inorgânico pelos residentes do Camboja através da via de consumo de águas subterrâneas. Water Res., 44(19):5777- 5788.

Prasad BD., Kumar P., Sahni S., Kumar V., Kumari S., Pal AK. (2016) Um protocolo melhorado para a transformação genética mediada por agrobacterium e regeneração de arroz indica *(Oryza sativa* L. Var. Rajendra kasturi). J Cell Tissue Res., 16(2).

Prasad BD., Mandal J., Kumar S., Sohane R K. (2020) Proceedings-Cum-Abstract book National Webinar On Arsenic Mitigation: Uma abordagem Nexus. pp. 1-131.

Prasad BD., Sahni S., Krishna P., Kumari D., Mahato AK., Jambhulkar SJ., Kumar P., Ranjan T., Pal AK. (2021) Montagem do Transcriptoma De Novo e Identificação da Via Biossintética de Brassinosteróide em Cártamo. J Plant Growth Regul., 1-17.

Ravenscroft P., Brammer H., Richards KS. (2009) Arsenic pollution: a global synthesis. WileyBlackwell, Reino Unido. pp. 588.

Ricroch A., Clairand P., Harwood W. (2017) Utilização de sistemas CRISPR na edição do genoma vegetal: rumo a novas oportunidades na agricultura. Emerg Top Life Sci., 1(2):169-182.

Rosas-Castor JM., Guzmán-Mar JL., Hernández-Ramírez A., Garza-González MT., Hinojosa-Reyes L. (2014) Acumulação de arsénio na cultura do milho *(Zea mays):* uma revisão. Sci Total Environ, 488-489:176-87.

Roy P., Saha A. (2002) Metabolism and toxicity of arsenic: Um carcinogéneo humano. Curr. Sci., 38-45.

Sahni S., Prasad B., Liu Q. et al. (2016) A sobreexpressão do gene biossintético de brassinosteróides *DWF4* em *Brassica* Mopussimultaneamente aumenta a produção de sementes e a tolerância ao stress. Sci Rep 6:28298.

Sahoo PK., Kim K. (2013) Uma revisão da concentração de arsénio no arroz em casca na perspetiva da geociência. Geosci J., 17:107-122.

Sarkar A., Paul B. (2016) The global menace of arsenic and its conventional remediation - A critical review. Chemosphere 158:37-49.

Sarkar P, Ray PR, Ghatak PK, Sen M (2016) Arsenic concentration in water, rice straw and cow milk - a micro level study at Chakdaha and Haringhata block of West Bengal. Indian J Dairy Sci., 69(6).

Savojardo C., Martelli PL., Fariselli P., Profiti G., Casadio R. (2018) BUSCA: um servidor web integrativo para prever a localização subcelular de proteínas. Nucleic Acids Res., 46(W1),:W459-W466.

Schmidt CW. (2015) Em busca do "justo": o desafio de regular o arsénio no arroz. Environ Health Perspect, 123(1):A16-A19.

Schroeder HE., Schotz AH., Wardley-Richardson T, Spencer D., Higgins.agro TJV 1993. Transformação e regeneração de duas cultivares de ervilha *(Pisum sativum* L.). Plant Physiol.101:751-757.

Shah BH, Hamid FS, Islam S, Ahmed N, Ahmad F, Khan N, Zaman Q (2020) Avaliação de linhas de arroz de elite *(Oryza sativa* L.) para rendimento e rendimento. Componentes. Pak J Agric Sci.33(1): 135-139.

Shajia E, Santosh M, Saratha KV, Prakasha P, Deepchand V, Divya BV (2021) Contaminação por arsénico das águas subterrâneas: Uma sinopse global com foco na Península Indiana. Geosci. Front. 12(3): 101079.

Shakoor MB, Riaz M, Niazi NK, Ali S, Rizwan M, Arif MS, Arif M (2019) Avanços recentes na acumulação de arsénio no arroz. Em: Hasanuzzaman M, Fujita M, Nahar K, Biswas J, editores. Avanços na pesquisa de arroz para tolerância ao estresse abiótico. Woodhead Publishing; 2019.

Shan Q., Wang Y., Li J., Gao C. (2014) Edição de genomas em arroz e trigo utilizando o sistema CRISPR/Cas. Nat Protoc., 9(10): 2395-2410.

Shi S., Wang T., Chen Z. et al. (2016) OsHAC1;1 e OsHAC1;2 funcionam como redutases de arsenato e regulam a acumulação de arsénio. Plant Physiol, 172(3):1708-1719.

Shikawa S., Arao T., Makino T. (2019) Agronomic strategies for reducing arsenic risk in rice, in Arsenic Contamination in Asia, eds H. Yamauchi and G. Sun (Singapore: Springer), pp. 181-198.

Shukla SK., Mishra RK., Pandey M. et al. (2016) Land Reformation Using Plant Growth-Promoting Rhizobacteria in the Context of Heavy Metal Contamination. Plant Metal Interaction, pp. 499-529.

Singh SK., Ghosh AK., Kumar A. et al. (2014) Contaminação por arsénico das águas subterrâneas e riscos para a saúde associados em Bihar, Índia. Int J Environ Res., 8(1): 49-60.

Sinha B., Bhattacharyya K. (2015) Arsenic toxicity in rice with special reference to speciation in Indian grain and its implication on human health. J Sci Food Agric., 95(7):1435-44.

Smedley PL.,.Kinniburgh DG. (2002) A review of the source, behaviour and distribution of arsenic in natural waters. Appl. Geochem., 17(5): 517-568.

Songa W-Y., Yamakib T., Yamaji N. et al. (2014) Um transportador ABC de arroz, OsABCC1, reduz a acumulação de arsénio no grão. Proc Natl Acad Sci USA, 111(44):15699- 15704.

Su Y-H., Steve P., McGrath SP., Zhao F-J. (2010) O arroz é mais eficiente na absorção e translocação de arsenito do que o trigo e a cevada. Plant Soil, 328:27-34.

Sun Y., Fan XY., Cao DM., Tang W., He K., Zhu JY., He JX., Bai MY., Zhu S., Oh E., Patil S., Kim TW., Ji H., Wong WH., Rhee SY., Wang ZY. (2010) Integração da transdução de sinais de brassinosteróides com a rede de transcrição para a regulação do crescimento das plantas em Arabidopsis. Dev Cell, 19(5):765-77.

Suresh KD. (2019) Rice Production in India: Analysis of Trend, Constraints and Technologies. In: Climate Change and Future Rice Production in India [Alterações climáticas e futura produção de arroz na Índia]. Estudos da Índia em Negócios e Economia. Springer, Singapura.

Takahashi Y., Minamikawa R., Hattori KH., Kurishima K., Kihou N., Yuita K. (2004) Comportamento do arsénico em arrozais durante o ciclo de períodos inundados e não inundados. Environ Sci Technol, 38(4):1038-1044.

Tian H., Guo H., Dai X., Cheng Y., Zheng K., Wang X., Wang S. (2015) Um gene repressor de transcrição bHLH regulado negativamente por ABA, bHLH129, regula o alongamento da raiz e a resposta de ABA quando superexpresso em Arabidopsis. Sci Rep., 5(1):1- 11.

Tiwari M., Sharma D., Dwivedi S., Singh M., Tripathi RD., Trivedi PK. (2013) A expressão em Arabidopsis e a localização celular revelam o envolvimento do NRAMP de arroz, OsNRAMP1, no transporte e tolerância ao arsénio. Plant Cell Environ, 37(1): 140-152.

Tiwari M., Sharma D., Singh M. et al. (2014) A expressão de OsMATE1 e OsMATE2 altera o desenvolvimento, as respostas ao stress e a suscetibilidade a agentes patogénicos em Arabidopsis. Sci Rep., 4:3964.

Upadhyay MK., Majumdar A., Barla A., Bose S., Srivastava S. (2019) Uma avaliação do risco de arsénio no sistema água subterrânea-solo-arroz em duas aldeias do distrito de Nadia, Bengala Ocidental, Índia. Environ Geochem Health, 41(6):2381-2395.

Upadhyay MK., Majumdar A., Kumar JS., Srivastava S. (2020) Arsenic in Rice AgroEcosystem: Soluções para a produção segura e sustentável de arroz. Front Sustain Food Syst., 4:53.

Verma PK, Verma S, Tripathi RD, Debasis Chakrabarty D (2020) Uma glutaredoxina de arroz regula a expressão de genes de aquaporina e modula as respostas das raízes para proporcionar tolerância ao arsénio, Ecotox Environ Safe., 195:110471.

Verma PK., Verma S., Pande V., Mallick S., Tripathi RD., Dhankher OP., Chakrabarty D. (2016) A sobreexpressão da glutaredoxina de arroz OsGrx_C7 e OsGrx_C2.1 reduz a acumulação intracelular de arsénio e aumenta a tolerância em Arabidopsis thaliana. Front. Plant Sci., 7:740.

Wang F-Z, Chen M-X, Yu L-J et al. (2017) OsARM1, um fator de transcrição R2R3 MYB, está envolvido na regulação da resposta ao estresse de arsênico no arroz. Front Plant Sci 8:1868.

Wang P., Zhang W., Mao C., Xu G., Zhao FJ. (2016) O papel do OsPT8 na absorção de arseniato e a diferença varietal na tolerância ao arseniato no arroz.
J. Exp. Bot., 67(21):6051-6059.

Wang S., Luo K., Wang X., Sun Y. (2016) Estimativa das emissões de enxofre, arsénio, mercúrio e flúor devidas à combustão espontânea de ganga de carvão: Uma parte importante dos inventários de emissões chineses. Environ Pollut, 209:107-113.

Williams PN, Islam MR, Adomako EE, Raab A, Hossain SA, Zhu YG, Feldmann J, Meharg AA. (2006) Aumento do arsénio nos grãos de arroz em regiões do Bangladesh que irrigam arrozais com elevado teor de arsénio nas águas subterrâneas. Environ. Sci. Technol., 40(16):4903-4908.

Williams PN, Price AH, Raab A, Hossain SA, Feldmann J, Meharg AA. (2005) Variação da especiação e concentração de arsénio no arroz paddy relacionada com a exposição alimentar. Environ Sci Technol, 39(15):5531-5540.

Williams PN., Villada A., Deacon C., Raab A., Figuerola J., Green AJ., Feldmann J., Meharg AA. (2007) A assimilação de arsénico em rebentos de arroz é muito maior do que no trigo e na cevada, conduzindo a níveis elevados de grãos. Environ Sci Technol, 41(19):6854-9.

Williams PN., Zhang H., Davison W., Meharg AA., Hossain M., Norton GJ., Brammer H., Islam MR. (2011) As interações entre a matéria orgânica e a fase sólida são fundamentais para prever a libertação de sene e a absorção pelas plantas nos solos de arroz do Bangladesh. Environ Sci Technol, 45:6080-6087.

Wu Z, Ren H., McGrath SP., Wu P., Zhao F-J. (2011) Investigating the Contribution of the Phosphate Transport Pathway to Arsenic Accumulation in Rice. Plant Physiol., 157(1): 498-508.

Xing HL., Dong L., Wang ZP., Zhang HY., Han CY., Liu B., Wang X-C., Chen QJ. (2014) Um conjunto de ferramentas CRISPR/Cas9 para edição multiplex do genoma em plantas. BMC Plant Biol., 14(1):1-12.

Xu B., Yu JY., Xie T., Li YL., Liu MJ., Guo KX., Li LH., Yu Y., Zheng CY., Chen YH., Wang G. (2018) Os brassinosteróides e a placa de ferro afectam a absorção de arsénio e cádmio pelas plântulas de arroz cultivadas em solução hidropónica. Biol Plant, 62:362-368.

Xu J., Shi S., Wang L., Tang Z., L T., Zhu X., Zhao FJ., Wu Z. (2017) OsHAC4 é fundamental para a tolerância ao arsenato e regula a acumulação de arsénio no arroz. New Phytol, 215(3): 1090-1101.

Xu W., Dai W., Yan H., Li S., Shen H., Chen Y., Xu H Sun Y., He Z., Ma M. (2015) Arabidopsis NIP3; 1 desempenha um papel importante na absorção de arsénio e na translocação da raiz para o rebento em condições de stress por arsenito. Mol Plant, 8(5), 722-733.

Xu XY, McGrath SP, Meharg AA, Zhao FJ (2008) O cultivo aeróbico do arroz diminui significativamente a acumulação de arsénio. Environ Sci Technol, 42(15):5574-5579.

Yang J., Gao M-X., Hu H. Ding X-M., Lin H-W., Wang L, Xu J-M., Mao C-Z, Zhao F-J, Wu Z-C. (2016) OsCLT1, um transportador tipo CRT 1, é necessário para a homeostase da glutationa e tolerância ao arsénico no arroz. New Phytol, 211(2): 658-670.

Yu X., Li L., Zola J., Aluru M., Ye H., Foudree A., Guo H., Anderson S., Aluru S., Liu P., Rodermel S., Yin Y. (2011) A brassinosteroid transcriptional network revealed by genome-wide identification of BESI target genes in Arabidopsis thaliana. Plant J., 65(4):634-46.

Zafar SA., Zaidi SSEA., GabaY., Singla-Pareek SL., Dhankher OP., LiX., Mansoor S., Pareek A. (2020) Engenharia de tolerância ao stress abiótico através da edição do genoma mediada por CRISPR/Cas. J Exp Bot., 71(2):470-479.

Zhao C., Liu X., Leung L. R., Johnson B., McFarlane SA., Gustafson JrWI., Fast JD., Easter R. (2010) The spatial distribution of mineral dust and its shortwave radiative forcing over North Africa: modeling sensitivities to dust emissions and aerosol size treatments, Atmos Chem Phys., 10:8821-8838,

MIX
Papier aus verantwortungsvollen Quellen
Paper from responsible sources
FSC® C105338

Printed by Books on Demand GmbH, Norderstedt / Germany